高等学校教材

催化科学与技术系列教材

工业催化实验

郭立升 程 芹◎等编

化学工业出版社

·北京·

内容简介

本书在新工科背景下适应教学规律的基础上，介绍固体催化剂性能评价与表征，通过典型实验，加强学生对催化原理、催化剂设计与应用的理解，培养学生解决问题的能力。本书适合化学工程与工艺、工业催化、应用化学、能源化学等相关专业本科生、科研工作者参考阅读。

图书在版编目（CIP）数据

工业催化实验 / 郭立升等编. -- 北京 ：化学工业出版社，2024. 8

催化科学与技术系列教材

ISBN 978-7-122-45518-5

Ⅰ. ①工… Ⅱ. ①郭… Ⅲ. ①化工过程-催化-化学实验-高等学校-教材 Ⅳ. ①TQ032.4-33

中国国家版本馆 CIP 数据核字(2024)第 084121 号

责任编辑：曾照华　林　洁　　　　　　装帧设计：王晓宇
责任校对：李雨函

出版发行：化学工业出版社
　　　　　（北京市东城区青年湖南街 13 号　邮政编码 100011）
印　　装：北京科印技术咨询服务有限公司数码印刷分部
787mm×1092mm　1/16　印张 9¼　字数 226 千字
2025 年 1 月北京第 1 版第 1 次印刷

购书咨询：010-64518888　　　　　　售后服务：010-64518899
网　　址：http://www.cip.com.cn
凡购买本书，如有缺损质量问题，本社销售中心负责调换。

定　　价：45.00 元　　　　　　　　　　版权所有　违者必究

前言
PREFACE

人类从有目的地使用催化剂开始已经有两千多年的历史，近现代以来催化技术快速发展，化工产品数目的日益增多、生产规模的扩大，无不借助于催化剂和催化技术。目前催化技术广泛用于化学工业、食品医药、环境卫生等行业，催化技术发挥着日益重要的作用。作为一门科学，催化科学综合了化学、化学工程、物理、数学等各个学科的专业知识，已经发展成为化学工程与技术学科中极具生命力的分支，从而成为学术界和工业界的聚焦点。在这一背景下，我们组织编写了催化科学与技术系列教材，包含《催化原理》《催化剂设计与应用》和《工业催化实验》。

实验培训是本科教学中的一个重要实践教育环节，旨在让学生学习、了解和掌握相关的技术、实验设备及实验方法。不同于基础实验，综合实验具有专业性、综合性、设计开发性以及创新性。因此，《工业催化实验》注重使学生通过催化剂设计合成、催化实验的开展以及实验报告的撰写，系统理解相关科学原理，能够进行创新性思考，为将来解决复杂化学工程问题打下深厚的理论和实践基础，并且实验以小组为单位进行，便于培养学生的协作能力。

本书由郭立升、程芹等编。郭立升统稿并编写第二章以及附录内容，陈芳编写第一章，程芹、蔡梦蝶、柏家奇、郭立升等编写第三章，其中实验一、二、三、五、七由程芹完成，实验四由蔡梦蝶完成，实验六由柏家奇完成，实验八由郭立升完成。参加本书初稿审稿工作的还有安徽大学吴明元。编者在此表示衷心的感谢。

由于编者的学识和经验所限，书中疏漏在所难免，敬请读者批评指正。

编者
2024 年 8 月

目 录
CONTENTS

第一章　工业催化实验概述

第一节　工业催化实验室安全守则

实验室是进行教学、科研等的重要场所，安全工作是实验室管理的基础工作之一。工业催化实验室具有特殊性与复杂性，实验内容门类繁多，人员流动性大，实验过程中存在不确定性与风险性，因此对实验室进行科学、规范化管理显得尤其重要。为保障实验人员安全，最大限度地降低实验过程中发生灾害的风险，为教学、科研人员提供安全可靠的工作环境，实验室人员应遵循以下安全守则。

一、消防设备的正确使用

实验室应准备一定数量的消防器材，实验人员应熟悉消防器材的存放位置和使用方法，绝不允许将消防器材移作他用。实验室常用的消防器材包括以下几种。

1. 沙箱

易燃液体和其他不能用水灭火的危险品着火可用沙子来扑灭。它能隔绝空气并起到降温作用，达到灭火的目的。但沙中不能混有可燃性杂物，并且要干燥。潮湿的沙子遇火后因水分蒸发，易使燃着的液体飞溅。沙箱中存沙有限，实验室又不能存放过多沙箱，故这种灭火工具只能扑灭局部小规模的火源。对于大面积火源，因沙量太少而作用不大。此外还可用其他不燃性固体粉末灭火。

2. 干粉灭火器

该灭火器筒内充装磷酸铵盐干粉和作为驱动力的氮气，使用时先拔保险销（有的是拉起拉环），再按下压把，干粉即可喷出。适宜扑救固体易燃物（A 类）、易燃液体及可融化固体（B 类）、易燃气体（C 类）和带电器具的初起火灾，但不得用于扑救轻金属类火灾。灭火时要接近火焰喷射；干粉喷射时间短，喷射前要选择好喷射目标；由于干粉容易飘散，不宜逆风喷射。

3. 泡沫灭火器

实验室多用手提式泡沫灭火器。它的外壳用薄钢板制成，内有一玻璃胆，其中盛有硫酸铝溶液，胆外装有碳酸氢钠溶液和发泡剂（甘草精）。灭火液由 50 份硫酸铝、50 份碳酸氢钠及 5 份甘草精组成。使用时将灭火器倒置，立即发生化学反应生成含 CO_2 的泡沫。此泡沫黏附在燃烧物表面上，通过在燃烧物表面形成与空气隔绝的薄层而达到灭火目的。它适用于扑灭实验室发生的一般火灾。油类着火在开始时可以使用，但不能用于扑灭电线和电器设备火灾，因为泡沫本身是导电的，这样会造成扑火人触电。

4. 二氧化碳灭火器

此类灭火器筒内装有压缩的二氧化碳。使用时旋开手阀，二氧化碳就能急剧喷出，使燃烧物与空气隔绝，同时降低空气中氧气的含量。当空气中含有 12%～15%二氧化碳时，燃烧就会停止。使用此类灭火器时要注意防止现场人员窒息。

5. 卤代烷（1211）灭火器

此类灭火器适用于扑救由油类、电器类、精密仪器等引发的火灾。在一般实验室内使用不多，对大型及大量使用可燃物的实验场所应配备此类灭火器。

二、电器设备的安全使用

工业催化实验中的电器设备较多，马弗炉、真空干燥箱等实验设备的用电负荷较大。在接通电源之前，必须认真检查电器设备和电路是否符合规定要求，必须明确整套实验装置的启动和停车操作顺序以及紧急停车的方法。注意安全用电极为重要，对电器设备必须采取安全措施，操作者必须严格遵守下列操作规定。

① 进行实验之前必须了解室内总电闸与分电闸的位置，以便出现用电故障时及时切断电源。

② 接触或操作电器设备时，手必须干燥。所有的电器设备在带电时不能用湿布擦拭，更不能有水落于其上。不能用试电笔去试高压电。

③ 电器设备维修时必须停电作业，如接保险丝时，一定要切断全部电源后进行操作。

④ 启动电动机时，合闸前先用手转动一下电动机的轴，合上电闸后，立即查看电动机是否已转动，若不转动，应立即拉闸，否则电动机很容易被烧毁。若电源开关是三相刀闸，合闸时一定要快速合到底，否则易发生"跑单相"，即三相中有一相实际上未接通，这样电动机易被烧毁。

⑤ 电源或电器设备上的保护熔断丝或保险管，都应按规定电流标准使用，不能任意加大，更不允许用铜丝或铝丝代替。

⑥ 若电器设备是电热器，在向它通电之前，一定要明确进行电加热所需要的前提条件是否已经具备。比如在精馏塔实验中，在接通塔釜电热器之前，必须明确釜内液面是否符合要求，塔顶冷凝器的冷却水是否已经打开；在干燥实验中，在接通空气预热器的电热器之前，应先打开空气鼓风机，才能给预热器通电。另外电热器不能直接放在木制实验台上使用，必须用隔热材料做垫架，以防引起火灾。

⑦ 所有电器设备的金属外壳应接上地线，并定期检查是否接牢。导线的接头应紧密牢固，裸露的部分必须用绝缘胶布包好，或者用塑料绝缘管套好。

⑧ 若在电源开关与电器设备之间设有电压调节器或电流调节器，其作用是调节电器设备的用电情况。使用这类设备时，在接通电源开关之前，一定要先检查电压调节器或电流调

节器当前所处的状态，并将它置于"零位"状态。否则，在接通电源开关时，电器设备会在较大功率下运行，这样有可能造成电器设备的损坏。

⑨ 在实验过程中，如果发生停电现象，必须切断电源，以防操作人员离开现场后，因突然供电而导致电器设备在无人监视下运行。

三、危险化学品的安全使用

为了确保设备和人身安全，从事工业催化实验的人员必须具备以下危险品安全知识。实验室常用的危险品必须合理分类存放。对不同的危险药品，在为扑救火灾而选择灭火剂时，必须针对药品的性质进行选用，否则不仅不能取得预期效果，反而会引起其他危险。

1. 易燃品

易燃品是指易燃的液体、液体混合物或含有固体物质的液体。易燃品在实验室内易挥发和燃烧，达到一定浓度时遇明火就会着火。若在密闭容器内着火，甚至会造成容器因超压而破裂、爆炸。易燃液体的蒸气密度一般比空气大，当它们在空气中挥发时，常常在低处或地面飘浮。因此，在距离存放这类液体处相当远的地方也可能着火，且着火后容易蔓延并回传，引燃容器中的液体。所以使用这类物品时，必须严禁明火、远离电热器或其他热源，不能同其他危险品放在一起，以免引起更大危害。

如乙苯脱氢制苯乙烯实验中使用的乙苯，属于易燃液体，其蒸气与空气形成爆炸性混合物，遇明火、高热能引起燃烧爆炸。与氧化剂能发生强烈反应，若遇高热，容器内压增大，有开裂和爆炸的危险。这种易燃药品的蒸气若遇到明火会发生闪燃爆炸，但在实验室中如果认真严格地按照规程操作，是不会有危险的。因为构成爆炸应具备两个条件：可燃物在空气中的浓度在爆炸极限范围内；有明火存在。因此防止爆炸的方法就是使可燃物在空气中的浓度在爆炸极限以下。故在实验过程中必须保证催化反应装置严密、不漏气，保证实验室通风良好，并禁止在室内使用明火和敞开式的电热器，也不能加热过快，致使液体急剧汽化，冲出容器，也不能让室内有产生火花的必要条件存在。总之，只要严格掌握和遵守有关安全操作规程就不易发生事故。

2. 有毒有害化学品

凡是少量就能使人中毒受害的化学品都称为有毒有害化学品。中毒途径有误服、吸入呼吸道或皮肤被沾染等。其中有的化学品蒸气有毒，如汞；有的固体或液体化学品有毒，如钡盐、农药。根据有毒有害化学品对人体的危害程度分为剧毒品（氰化钾、砒霜等）和有毒品（农药）。使用这类物质时应十分小心，以防止中毒。实验所用的有毒有害化学品应有专人管理，建立购买、保存、使用档案。剧毒化学品的使用与管理，还必须符合国家规定的"五双条件"：即两人管理，两人收发，两人运输，两把锁，两人使用。

工业催化实验中，往往被人们忽视的有毒物质是压力计中的汞。如果操作不慎，压力计中的汞可能被冲洒出来。汞是一种积累性的有毒物质，进入人体不易排出，累积多了就会中毒。因此，一方面装置中应尽量避免采用汞；另一方面要谨慎操作，开关阀门要缓慢，防止冲走压力计中的汞，操作过程要小心，不要碰破压力计。一旦汞冲洒出来，一定要尽可能地将它收集起来，无法收集的细粒，也要用硫黄粉或氯化铁溶液覆盖。因为细粒汞蒸发面积大，易于蒸发气化，不易采用扫帚或用水冲的办法消除。

3. 易制毒化学品

易制毒化学品是指用于非法生产、制造或合成毒品的原料、配剂等化学药品，包括用以制造毒品的原料前体、试剂、溶剂及稀释剂等。易制毒化学品本身并不是毒品，但具有双重性。易制毒化学品既是一般医药、化工生产的工业原料，又是生产、制造或合成毒品中必不可少的化学品。

工业催化实验中，催化剂制备过程中可能用到的丙酮、硝酸都属于受管制的三类药品。这些易制毒化学品应按规定实行分类管理。使用、储存易制毒化学品的单位必须建立、健全易制毒化学品的安全管理制度，严格执行双人双锁管理。单位负责人负责制定易制毒化学品的安全使用操作规程，明确安全使用注意事项，并督促相关人员严格按照规定操作。教学负责人、项目负责人对本组的易制毒化学品的使用安全负直接责任，定量取用，登记在册。落实保管责任制，责任到人，实行两人管理。管理人员须报公安部门备案，管理人员的调动须经部门主管批准，做好交接工作，并进行备案。

四、高压钢瓶的安全使用

工业催化实验中所用的高压气体种类较多，一类是具有刺激性气味的气体，如氨、二氧化硫等，这类气体的泄漏一般容易被发觉；另一类是无色无味，但有毒或易燃、易爆的气体，如常作为色谱载气的氢气，室温下在空气中的爆炸范围为 4%～75.2%（体积分数）。因此使用有毒或易燃、易爆气体时，系统一定要严格不漏气，尾气要导出室外，并注意室内通风。

高压钢瓶（又称气瓶）是一种贮存各种压缩气体或液化气体的高压容器。钢瓶的容积一般为 40～60L，最高工作压力为 15MPa，最低为 0.6MPa。瓶内压力很高，贮存的气体可能有毒或易燃、易爆，故使用气瓶时一定要掌握气瓶的构造特点和安全知识，以确保安全。气瓶主要由筒体和瓶阀构成，其他附件有保护瓶阀的安全帽、开启瓶阀的手轮以及使运输过程中减少震动的橡胶圈。在使用时，瓶阀的出口还要连接减压阀和压力表。标准高压气瓶是按国家标准制造的，经有关部门严格检验后方可使用。各种气瓶在使用过程中，还必须定期送有关部门进行水压试验。经过检验合格的气瓶，在瓶肩上应该用钢印打上以下资料：制造厂家、制造日期、气瓶的型号和编号、气瓶的质量、气瓶的容积和工作压力、水压试验压力、水压试验日期和下次试验日期。各类气瓶的表面都应涂上一定的涂料，其目的不仅是为了防锈，主要是能从颜色上迅速辨别钢瓶中所贮存气体的种类，以免混淆。如氧气钢瓶为浅蓝色，氢气钢瓶为暗绿色，氮气钢瓶为灰色，氨气钢瓶为黄色，氯气钢瓶为草绿色，乙炔钢瓶为白色。为了确保安全，在使用气瓶时，一定要注意以下几点。

① 使用高压钢瓶的主要危险是钢瓶可能爆炸和漏气。若钢瓶受日光直晒或靠近热源，瓶内气体受热膨胀，以致当压力超过钢瓶的耐压强度时，容易引起钢瓶爆炸。另外，可燃性压缩气体的漏气也会造成危险，应尽可能避免氧气钢瓶和可燃性气体钢瓶放在同一房间使用（如氢气钢瓶和氧气钢瓶），因为两种钢瓶同时漏气时更易引起着火和爆炸。如氢气泄漏时，当氢气与空气混合后浓度达到 4%～75.2%（体积分数）时，遇明火会发生爆炸。按规定，可燃性气体钢瓶与明火距离应在 10m 以上。

② 搬运钢瓶时，应安装好钢瓶的安全帽和橡胶圈，并严防钢瓶倾倒或受到撞击，以免发

生意外爆炸事故。使用钢瓶时，必须将其牢靠地固定在架子上、墙上或实验台旁。

③ 绝不可把油或其他可燃性有机物黏附在钢瓶上（特别是气体出口和气压表处）；也不可用麻、棉等物堵漏，以防燃烧引起事故。

④ 使用钢瓶时，一定要用气压表，而且各种气压表一般不能混用。一般可燃性气体的钢瓶气门螺纹是反扣的（如 H_2、C_2H_2），不燃性或助燃性气体的钢瓶气门螺纹是正扣的（如 N_2、O_2）。

⑤ 使用钢瓶时必须连接减压阀或高压调节阀，不经这些部件让系统直接与钢瓶连接是十分危险的。

⑥ 开启钢瓶阀门及调压时，人不要站在气体出口的前方，头不要在瓶口之上，而应在瓶侧面，以防万一钢瓶的总阀门或气压表被冲出而伤人。

⑦ 当钢瓶使用到瓶内压力为 0.5MPa 时，应停止使用。压力过低会给充气带来不安全因素，当钢瓶内压力与外界压力相同时，会造成空气的进入。

五、高温高压设备的安全使用

（一）高温设备

工业催化实验室中常用的高温设备有烘箱、箱式电阻炉（马弗炉）、高温管式炉、电吹风、电炉、加热浴锅等。高温设备使用不当，极易发生火灾、爆炸、触电等事故，在使用过程中应遵守以下规定。

① 实验室加热设备安全按"谁使用、谁负责"的原则管理，实验室安全责任人对所辖实验室内加热设备的使用安全负责，负责对进入实验室使用加热设备人员开展规范操作安全教育，各部门对本部门实验室内加热设备的使用安全负有监管责任。

② 使用加热设备前，应检查设备情况，确认设备正常后方可使用，并严格按照操作规程正确使用，不得超出说明书规定的温度范围使用。

③ 购置常用加热设备前，应明确安置地点。例如，烘箱及电阻炉等加热设备应放置在通风干燥处，不得直接放置在木桌、木板等易燃物品上，放置位置应高度合适，方便操作。设备周围应有一定的散热空间，不得存放易燃、易爆、易挥发性化学品和纸板、泡沫、塑料等易燃物品，不能放置冰箱、气体钢瓶等设备，不得堆放杂物，并且在设备旁醒目位置张贴高温警示标识。

④ 检查实验室的用电负荷，严禁实验室用电超负荷运行。大功率加热设备，需配置专用插座、开关及熔断器，严禁使用接线板供电。从加热设备内取出试样时一定要切断电源，以防触电。装取试样时要戴专用手套，以防烫伤。未经许可不得随便触摸开启的加热设备及周围的试样。使用完毕后必须及时切断电源，并确认其冷却至安全温度才能离开。

⑤ 使用加热设备的单位必须制定安全操作规程，张贴在设备旁醒目位置，配备必要的防护措施，并对使用人员进行安全操作培训，确保使用人员正确使用。禁止使用纸质、木质等材料自制红外灯烘箱。

⑥ 使用烘箱、电阻炉等加热设备时，须加强观察，一般至少每隔 10～15min 应观察 1 次，或有实时监控设施，严禁无人监管运行。如因特殊情况进行夜间开机，必须向导师报备，并做好必要的安全防范与应急处置措施。使用中的烘箱、电阻炉要标识使用人姓名。

⑦ 应建立常用加热设备的维保制度，及时安排检修，更换老化、损坏零件和线路，确保良好工况，严禁私自对常用加热设备进行线路改造，不符合安全要求的常用加热设备必须停止使用或及时报废。例如，烘箱、电阻炉一般使用期限控制为 12 年，如超期使用必须对设备的使用状态进行年检，确保设备工作状态良好，并将年检报告报所在学院及实验室与设备管理处。严禁使用有故障、破损的烘箱、电阻炉。

⑧ 实验室原则上不得使用明火电炉，应使用密封电炉、电陶炉、电磁炉等加热设备替代。

（二）高压设备

实验室中常见的高压设备有高压反应釜、高压灭菌锅等。高压装置一旦发生破裂，碎片即以高速度飞出，同时急剧地冲出气体而形成冲击波，使人身、实验装置及设备等受到重大损伤。同时往往还会波及放置在其周围的药品，引起火灾或爆炸等严重的二次灾害。因此，使用高压装置时，必须规范操作。

① 充分明确实验的目的，熟悉实验操作的条件。要选用适合于实验目的及操作条件要求的装置、器械种类及设备材料。购买或加工制作上述器械、设备时，要选择质量合格的产品，并要标明使用的压力、温度及使用化学药品的性状等各种条件。

② 高压装置使用的压力，要在其试验压力的 2/3 以内的压力下使用（但试压时，则在其使用压力的 1.5 倍的压力下进行耐压试验）。

③ 所有高压容器都应该有严格的操作规程，在醒目的位置张贴"高压爆炸危险"等警示语。

④ 学生使用高压容器，必须经过严格的上岗操作培训，并且必须有指导老师在场指导，指导老师有责任在培训时把可能发生的危险和应急措施清楚地告诉学生。

六、低温装置与机械设备的安全使用

（一）低温装置和冷冻剂

工业催化实验室中常用的低温装置有冰箱、冰柜，常用的冷冻剂有冰盐、干冰和液氮等。

1. 冰箱

在科研实验室中，冰箱是不可或缺的仪器设备，主要用来储存低温、恒温物品。实验室冰箱使用过程中有以下注意事项。

① 冰箱应放置在通风良好处，周围不得有热源、易燃易爆品、气瓶等，且保证有稳定的散热空间。

② 存放危险化学药品的冰箱应粘贴警示标识；冰箱内各药品须粘贴标签，并定期清理；食品、饮料严禁存放在实验室冰箱内。

③ 危险化学品须贮存在防爆冰箱或经过防爆改造的冰箱内；存放易挥发有机试剂的容器必须加盖密封，避免试剂挥发至箱体内积聚；存放强酸、强碱及腐蚀性的物品必须选择耐腐蚀的容器，并且存放于托盘内。

④ 存放在冰箱内的试剂瓶、烧瓶等重心较高的容器应加以固定，防止因开关冰箱门时造成倒伏或破裂。若冰箱停止工作，必须及时转移化学药品妥善存放。

2. 干冰

干冰易挥发，无毒无味，不可密封保存。在使用过程中避免用手触碰容器，以防皮肤粘连冻伤。实验室应注意通风，以免大量 CO_2 造成昏迷、呕吐、窒息等。

3. 液氮

在常压下，液氮温度为−196℃，用于超低温实验，常灌装在杜瓦瓶（液氮罐）中，使用时倒入开口容器中。使用液氮时应注意以下几点。

① 使用液氮及处理使用液氮的装置时，操作必须熟练，一般要由两人以上进行实验。初次使用时，必须经过专业的安全培训后再操作。

② 一定要穿防护衣，戴防护面具或防护眼镜，并戴皮手套等防护用具，以免液化气体直接接触皮肤、眼睛或肢体。

③ 盛放液氮的容器要放在没有阳光照射、通风良好的地方。防止碰撞及倾倒。

④ 处理液氮容器时，要轻快稳重。存放或使用的时候不准倾斜、横放、堆压或者撞击，应该轻拿轻放并保持直立状态。

⑤ 使用液氮时冻伤，应迅速将冻伤部位放到 37～40℃的温水中浸泡复温，一般浸泡 20min 以内。无温水时，可置于自身温暖部位，如腋下、腹部或胸部。严重冻伤时，要请专业医生治疗。

（二）机械设备

机械设备可造成碰撞、夹击、剪切、卷入等多种伤害，在实验过程中一定要注意主动检查机械设备，维护实验人员的人身安全。工业催化实验室中常用的机械设备有电动搅拌器、机械真空泵、离心机等。

1. 电动搅拌器

电动搅拌器是一种使液体、气体介质强迫对流并均匀混合的器件，能加速多相传质和传热反应。电动搅拌器使用时一定要接地，发现搅拌不同心、不稳，要及时关闭电源。开始搅拌时，转速一定放置在零，慢慢增加。停止时，转速一定归零。电动搅拌器使用期间要有人值守，防止转速失控。

2. 机械真空泵

机械真空泵是利用机械、物理的方法对被抽容器进行抽气而获得真空的器件或设备，在使用过程中应注意:

① 蒸馏系统和机械真空泵之间，装有吸收装置。蒸馏物质中含有挥发性物质，先用水泵减压抽降，再改用机械真空泵。

② 减压系统必须保持密不透气,不能抽除含氧量过高、有爆炸性及对金属有腐蚀的气体。

③ 皮带松弛，应及时调整电机位置，注意补充、更换泵油。注意防止触电及转动皮带轮的安全。

3. 离心机

离心机是利用转子的高速旋转而产生一股强大的离心力，从而加速液体中颗粒的下沉和降落速度，再把样品中有不同沉降系数和浮力密度的物质分离开。其中，高速离心机转速可达 10000r/min 以上，因此在使用时更需注意操作的规范性。

① 高速台式离心机和低速离心机可放在稳定的工作台上，正面水平放置。

② 检查转子与腔体是否干净，转子在每次使用前要严格检查孔内是否有异物，以保持离心时的平衡。转子必须保持干燥清洁，避免碰撞擦伤。离心机四周应至少留有 30cm 的空间。

③ 放入物品前最好把电源关闭，放好样品后，再盖好离心机盖子离心。离心完成后最好先关闭电源，等转子停稳后再打开离心机盖子依次将物品全部取出，再进行其他操作，应避免一边取物品一边进行其他操作，以免发生危险。

④ 平衡离心管，放置离心物品要对称、等质量放置，如要进行不等质量配平，要用离心管装等质量的水进行找平，对称摆放离心管。离心管的表面应无液体和粉末等异物，以免腐蚀离心机内部，进而发生危险。

⑤ 离心机正在运行时，如发生离心管破裂应立即关闭电源，并保持离心机盖子关闭30min；清理时，用镊子夹取碎片，所有破裂的试管、碎离心管和套管应放入利器盒，按废弃物处理规定进行处理。离心机内表面污垢用酒精擦拭后再用清水进行擦拭，干燥后使用。

第二节　工业催化实验的教学目标及要求

一、教学目标

实验环节是工科人才培养的重要支撑，是培养学生实践技能、科研素养的必要条件。工业催化实验教学在整个化学化工的教育教学过程中占有重要的地位，对于学生的知识、能力、思维和素质的协调发展起着至关重要的作用。在教学过程中，我们不是要把学生培养成实验操作人员，而是化工工艺类专业工程师，具备实验开发与工程技术相互渗透的能力，具备促进科研成果能尽快地转化成生产力的能力。因此，我们认为在新工科背景下，工业催化实验的教学要达到以下目标。

① 培养学生理论联系实际的能力与严谨的科学实验态度，培养学生运用所学理论知识分析问题和解决问题的能力。

通过本实验课程的学习，使学生掌握催化作用的基本规律，了解催化过程的化学本质，熟悉工业催化技术的基本要求和特征，以期达到提高学生实验技能、培养学生的创新精神和科研实践能力的目标，促进学生知识、能力、思维和素质的全面协调发展。

② 掌握工业催化剂设计、表征和评价的研究方法和实验技术。

工业催化剂研究中涉及催化剂宏观物理性质测定和微观结构表征、催化剂活性评价与测定、催化反应动力学测定等过程。初步掌握这些实验方法，可以引导学生从实际问题出发，根据情况选择合适的方法，启迪思维，开阔视野。在实验过程中接触到一些新的实验技术（包括最新的测试手段），可使学生毕业后进入工作岗位能适应不断发展的科学技术。

③ 培养学生具有工业催化剂的实验研究与产品开发的初步能力，培养学生的工程意识、创新意识和技术经济的概念。

在科学实践过程中，我们希望学生增强以下能力：对实验现象的敏锐观察能力；运用各种实验手段正确地获取实验数据的能力；分析、归纳和处理实验数据的能力；由实验数据和实验现象实事求是地得出实验结论，并提出自己的见解。同时，为了将科研成果转化为现实生产力，学生在实践中要注重工程意识的培养，善于发现工程问题。

二、教学要求

工业催化实验主要有课前预习、实验课中的实际操作（包括实验数据的测定与记录）和实验报告的撰写三个环节。各个环节的具体要求如下。

1. 课前预习

① 认真阅读实验教材，明确实验目的和实验要求。

② 根据实验的具体要求，研究实验的理论依据及方法，熟悉实验的操作步骤。分析需要测量的数据内容，初步估计实验数据的变化规律，做到心中有数。

③ 到实验现场了解实验过程，观察实验装置、测试仪器及仪表的构造和安装位置，了解它们的操作方法和安全注意事项。

④ 实验前做好分组工作，进行小组讨论，确定实验方案、操作步骤，明确每一小组成员的工作内容，分别承担操作、现象观察、读取数据、记录数据等任务。

⑤ 按照要求书写实验预习报告。实验预习报告包括以下内容：实验目的和内容；实验原理和方案；实验装置及流程图；实验操作步骤以及实验数据的布点；设计好原始数据的记录表格。

⑥ 实验前，学生应将预习报告交给实验指导老师，获准后方可参加实验。无预习报告或预习报告不合格者，不得参加实验。

2. 实验课中的实际操作（包括实验数据的测定与记录）

① 实验开始前，学生自行检查实验装置和测试仪器是否完整，并按照要求进行实验前的准备工作。准备完毕后，经实验教师检查并得到许可后，方能进行实验。

② 实验进行过程中，操作要认真、细致。如果发现实验设备出现故障，及时向指导教师报告，不可擅自拆卸。

③ 正确观察和记录化学反应现象，等操作状态稳定后，方可开始读取数据，用完整的原始数据记录表规范地记录实验数据。

④ 及时复核实验数据，以免出现数据的错误记录。读取的数据要进行前后比照，以便分析其相互关系和变化趋势是否合理。

⑤ 实验中出现的不正常现象以及数据的明显误差，应当加以备注说明。

⑥ 实验结束后，将实验装置和测试设备恢复原状，并将原始数据记录本交实验课指导老师审阅签字。经老师同意后，方可离开实验室。

3. 实验报告的书写

按照一定的格式和要求，表达实验过程和结果的文字材料，称为实验报告。实验报告是对实验工作本身和实验工作对象进行评价的主要依据，也是书写科技论文和制定科技工作计划的重要依据和参考资料。实验报告是实验工作的全面总结和系统概括，是实验工作不可或缺的一个环节。

写实验报告的过程就是对所测取的数据加以处理，对所观察的现象加以分析，从中找出客观规律和内在联系的过程。如果做了实验而不写出报告，就等于有始无终，半途而废。学生学会对所做的实验，写成一份完整的实验报告，也可认为是一种正式科技论文书写的训练。因此，在工业催化实验课程的实验报告中，提倡在正式报告前写摘要，目的是强化书写科技论文的意识，训练学生综合分析、概括问题的能力。

完整的实验报告一般应包括以下几方面的内容。

① 实验名称。每篇实验报告都应有名称，又称标题，列在报告的最前面。实验名称应简洁、鲜明、准确。简洁，就是字数要尽量少；鲜明，就是让人一目了然；准确，就是能恰当反映实验的内容，如"乙苯脱氢制苯乙烯催化剂合成"。

② 实验目的。简明扼要地说明为什么要进行这个实验，本实验要解决什么问题，常常是列出几条。

③ 实验的理论依据（实验原理）。简要说明实验所依据的基本原理，包括实验涉及的主要概念、实验依据的重要定律、公式及据此推算的重要结果。要求书写准确、充分。

④ 实验装置示意图和主要设备、仪表的名称。要将实验装置简单地画出，标出设备、仪器仪表及调节阀等的标号，并标注出测试点的位置，在流程图的下面写出图名及与标号相对应的设备、仪器等的名称。

⑤ 实验操作方法和安全要点。根据实际操作程序，按时间的先后划分为几个步骤，以使条理更为清晰。实验步骤的划分，一般多以改变某一组因素（参数）作为一个步骤。对于操作过程的说明，要简单、明了。对于整个实验过程的安全要点要在操作程序中特别标出，容易引起危险、损坏仪器仪表或设备以及一些对实验结果影响比较大的操作，一般在注意事项里给予特别突出的标识提醒，以引起实验者的注意。

⑥ 数据记录。实验数据是实验过程中从测量仪表所读取的数值，要根据仪表的准确度决定实验数据的有效数字位数。读取数据的方法要正确，记录数据要准确。一般都是先记在原始数据记录表格里。数据较多时，此表格宜作为附录放在报告的后面。

⑦ 数据整理表、图及计算过程举例。这部分是实验报告的重点内容之一，要求把实验数据整理、加工成表格或图的形式。数据整理时应根据有效数字的运算规则进行。一般将主要的中间计算值和最后计算结果列在数据整理表格中，表格要精心设计，使其易于显示数据的变化规律及各参数的相关性。有时为了更直观地表达变量间的相互关系，采用作图法，即用相对应的各组数据确定出若干坐标点，然后依点画出相关曲线。数据整理表或作图要按照列表法和图示法的要求去做。实验数据不经重复实验不得修改数据，更不得伪造数据。

计算过程举例是以某一组原始数据为例，把各项计算过程列出，从而说明数据整理表或图中的结果是如何得到的。小组各成员应约定采用不同组别的实验数据进行举例，不要重复。

⑧ 对实验结果进行分析与讨论。这部分十分重要，是实验人员理论水平的具体体现，也

是对实验方法和结果进行的综合分析研究。讨论范围应只限于与本实验有关的内容。讨论的内容包括：从理论上对实验所得结果进行分析和解释，说明其必然性；对实验中的异常现象进行分析讨论；分析误差的大小和产生的原因，如何提高测量准确度；本实验结果在生产实践中的价值和意义；由实验结果提出进一步的研究方向或对实验方法及装置提出改进建议等。

⑨ 实验结论。结论是根据实验结果所做出的最后判断，得出的结论要从实际出发，要有理论依据。

第三节　实验参数测量

一、基本物理参数的测量

在工业生产中，为了正确地指导生产操作、保证生产安全、提高产品质量和实现生产过程自动化，一项必不可少的工作是准确而及时地检测出生产过程中的有关参数，如压力、流量、温度、液位等。测量数据的优劣与测量仪表的性能紧密相关。因此，全面了解测量仪表的结构、工作原理和特性，才能合理地选用仪表，正确地使用仪表，得到可信的测量数据。本节就工业催化实验中常用的测量温度、压力、流量、液位所用仪表的原理、特性及安装应用，作一简要介绍。

（一）温度测量

温度是表征物体冷热程度的物理量，是工业生产和催化实验中最普遍的参数之一。在工业生产中，温度的测量与控制有着重要的地位，温度的测量与控制是保证反应过程正常进行、确保产品质量与安全生产的关键环节。

温度不能直接测量，只能借助于冷热不同物体的热交换以及随冷热程度变化的某些物理特性进行间接测量。流体温度的测量方法一般分为接触式测温与非接触式测温两类。

接触式测温方法　将感温元件与被测介质直接接触，需要一定的时间才能达到热平衡。因此会产生测温的滞后现象，同时感温元件也容易破坏被测对象的温度场并有可能与被测介质产生化学反应。另外，由于受到耐高温材料的限制，接触式测温方法不能应用于很高温度的测量。但接触式测温具有简单、可靠，测量精确的优点。常用的接触式温度计有玻璃管温度计、双金属温度计、热电偶温度计及热电阻温度计等。

非接触式测温方法　感温元件与被测介质不直接接触，而是通过热辐射来测量温度，反应速度一般比较快，且不会破坏被测对象的温度场。在原理上它没有温度上限的限制，但容易受物体的反射率、对象到仪表之间的距离、烟尘和水蒸气等的影响，因而测量误差较大。

温度测量仪表种类繁多，下面介绍最常用的玻璃管温度计、热电偶温度计、热电阻温度计的工作原理以及安装和使用中的有关问题。

1. 玻璃管温度计

玻璃管温度计是应用最广泛的一种测温元件，其结构简单、使用方便、准确度较高、价格低廉。

玻璃管温度计由装有工作液体的玻璃感温泡、玻璃毛细管和刻度标尺三部分组成。当温度发生变化时，工作液体会因热胀冷缩而造成体积变化，引起毛细血管中液柱的升高或降低，通过标尺即可读取温度数值。根据所用工作液体的不同，其测温范围也不同。通常用水银和酒精（染红色）做工作液体。水银温度计测温范围为–30～300℃；酒精温度计常用于常温和低温的测量中，测量范围为–100～75℃。

玻璃管温度计在使用过程中，应注意以下问题。

① 温度计使用期间应定期校验，一般检定周期为一年。

② 玻璃管温度计使用时应轻拿轻放，使用完毕后要放入盒内，不可倒置。

③ 水银温度计应按凸形弯液面的最高点读数，酒精温度计则按凹液面的最低点读数。

④ 用玻璃温度计测量时，应避免骤冷骤热现象，以免增大误差。温度计插入恒温介质中一般要稳定 5～10min 后方可读数。

⑤ 使用玻璃管温度计时，要注意全浸式、半浸式之间的区别。全浸式温度计在特殊情况下若无法全浸时，要根据下式对指示值进行修正：

$$\Delta t = \alpha N(t - t_1)$$

式中　Δt——液柱露出部分的修正值，℃；

　　　α——工作液体与玻璃的相对膨胀系数，工作液为水银时 $\alpha = 0.00016/℃$，工作液为酒精时 $\alpha = 0.00103/℃$；

　　　N——液柱露出的高度对应的度数，℃；

　　　t——被测温度（一般可用温度计指示值代替），℃；

　　　t_1——利用辅助温度计测出的露出液柱的平均温度，辅助温度计一般应放置在露出液柱高度的 1/3 处，℃。

⑥ 当温度计出现液柱中断的情况时，可将水银温度计的感温泡置于干冰中使水银收缩复原；酒精温度计则采用甩动或冷却感温泡的方法修复。无论何种温度计，修复后必须进行标定。

2. 热电偶温度计

热电偶温度计是以热电效应为基础的测温仪表。它的结构简单、测量范围宽、使用方便、测温准确可靠，信号便于远传、自动记录和集中控制，因而在工业生产中应用极为普遍。

(1) 测量原理

热电偶温度计由三部分组成：热电偶（感温元件）；测量仪表（动圈仪表或电位差计）；连接热电偶和测量仪表的导线（补偿导线）。将两种不同材质的金属丝 A 和 B 的两端互相焊接，构成如图 1-1 所示的回路。当两端节点处的温度不同、存在温差时，回路中会产生热电动势。这样组成的热电偶，温度高的接头叫热端（或工作端），温度低的叫冷端（自由端）。

热电偶产生的热电动势由两部分组成（接触电势和温差电势），大小只和导体材质及两端温差有关，和导体的长度、直径无关。如果热电偶的冷端温度维持稳定（如 0℃），则热电偶的电动势随热端温度的变化而变化。这样，将热电偶连接在仪表回路中，如图 1-2 所示，就可以用仪表热电动势的数值。若该热电偶经过标准热电偶校正，经换算则可直接读出准确温度。

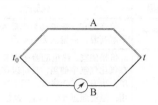

图 1-1 热电偶原理图

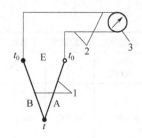

图 1-2 热电偶测温示意图

1—热电偶；2—导线；3—测量仪表

(2) 常用热电偶

用各种不同材质的金属丝可制成各类热电偶，表1-1列出了一些金属丝的热电特性。

表 1-1 中给出的数值是以铂作为热电偶的一极，其他材料作为另一极，冷端温度为 0℃，热端温度为 100℃时的电动势。电动势为正值的材料与铂组成热电偶时是正极；电动势为负值的材料与铂组成热电偶时是负极。表中任意两种材料组成热电偶时，电动势大的材料作为正极，电动势小的材料作为负极，正极和负极的电动势之差为该热电偶的电动势。

表 1-1 不同金属丝的热电特性

材料名称	电动势/mV	材料名称	电动势/mV	材料名称	电动势/mV
镍铬	+2.95	铂	+0.00	康铜	−3.4
铁	+1.8	镍铝	−1.2	考铜	−4.0
铜	+0.76	镍	−1.94		

为了热电偶有与其配套的显示仪表可供选用，国家标准规定了热电偶的热电势与温度之间的关系、允许误差，并确定了统一的标准分度表。按照分度号区分，国内常见的热电偶类型可分为 S、R、B、N、K、E、J、T 等几种。其中 S、R、B 属于贵金属热电偶，N、K、E、J、T 属于廉金属热电偶。表1-2是国内常见的几类热电偶及其特性，可根据实际使用场景进行选择。

表 1-2 热电偶分类及其特性

热电偶类型	测温范围	I 级精度	II 级精度	正电极	负电极	优缺点
S/R 型	0～1600℃	±1.0℃	±1.5℃	铂铑$_{10}$合金/铂铑$_{13}$合金	纯铂	耐超高温，适用于氧化性及惰性气氛中使用；价格贵，常温热电势极小，不适用于中低温测量
B 型	0～1800℃	±0.25℃	±1.0℃	铂铑$_{30}$合金	铂铑$_6$合金	适用于高温环境，精度高，响应时间较快；不适用于低温测量，易受氧化/腐蚀影响
N 型	−200～1300℃	±1.5℃	±2.5℃	镍铬硅合金	镍硅镁合金	价格便宜，高温抗氧化性强，耐核辐射，耐超低温，热电动势率稳定性好；热电动势率小，推出时间相较其他类型比较晚，应用不广泛
K 型	0～1300℃	±1.5℃	±2.5℃	镍铬$_{10}$合金	镍硅$_3$合金	价格便宜，应用广泛，适用氧化性及惰性气氛中适用，裸丝不适用于真空、含碳、含硫以及氧化还原交替的气氛中使用；高温热电动势率稳定性不及 N 型

续表

热电偶类型	测温范围	Ⅰ级精度	Ⅱ级精度	正电极	负电极	优缺点
E 型	−200～800℃	±1.5℃	±2.5℃	镍铬$_{10}$合金	铜镍合金	价格便宜，热电动势率最大，灵敏度高；不耐高温，高温区无法使用
J 型	0～750℃	±1.5℃	±2.5℃	纯铁	铜镍合金	价格便宜，热电动势率比 K 型大，既可以在氧化气氛中使用，又可以在还原气氛中使用，耐 H_2、CO 腐蚀；不能在含硫气氛中使用，温度超过 538℃后，铁极氧化很快，不耐高温，在高温区无法使用
T 型	−200～350℃	±0.5℃	±1.0℃	纯铜	铜镍合金	价格便宜，精度高；抗氧化性差，不耐高温

目前实验室多使用铠装式热电偶，它用不锈钢或镍基材料作为套管，氧化镁或氧化铝作绝缘材料，与热电偶丝三者结合在一起，制成坚实组合体，它具有结构紧凑、体积小（可微型化）、热惯性小、对被测温度反应快、动态误差小等优点，且可弯曲安装、机械强度高、耐冲击、耐震动。例如，工业热电偶时间常数小的不大于 20s，稍大的在 20s 到 4min；铠装式热电偶的时间常数为 0.05s，对温度变化反应灵敏而及时。另外，很细的铠装式热电偶可挠性好，可弯曲的最小半径只有热电偶外径的 2.5 倍，能在复杂结构上测温，可直接插入反应器内，测量反应床层温度变化。此外，套管空间很小，对微型反应装置甚为适用，可用于化工高压装置的测温，也可焊接在设备各测温点处，对微量热、差热等热分析用处极大。

（3）热电偶的冷端处理

使用热电偶测量时，应保持冷端温度为 0℃，才能利用热电偶的分度表由测得的电动势确定实际温度。然而在实际应用中，由于热端能量的传递及环境因素的影响，冷端温度不恒为 0℃。此时，应对热电偶的冷端进行处理。

用冰水浴将冷端温度保持在 0℃，使之恒定，这样消除冷端温度变化的方法称为冷端恒温法，该法简单可靠。当冰源不方便时，也可将冷端置于温度恒定的容器内（如 30℃或 40℃），此时冷端温度不是 0℃，必须把仪表的机械零点调至冷端温度对应处进行校正。

在测温过程中，通常热电偶的冷端靠近热源，受热源的影响而不能保持温度恒定，要消除这种影响，可采用补偿导线法。即采用一对热电特性与热电偶相同的金属丝同热电偶冷端连接起来，并将其引至另一个便于恒温的地方进行恒温处理，此时补偿导线末端的温度即为冷端温度。该法可节约贵重金属丝的长度。常用热电偶补偿导线见表 1-3。必须指出的是，使用补偿导线时，应当注意补偿导线的正、负极必须与热电偶的正、负极对应相接。此外，正、负两极的接点温度应保持相同；延伸后的自由端温度应当恒定或配用本身具有自由端温

表1-3　常用热电偶补偿导线

补偿导线型号	配用热电偶的分度号	补偿导线合金线		绝缘层着色	
		正极	负极	正极	负极
SC	S（铂铑$_{10}$-铂）	铜	铜镍	红	绿
NC	N（镍铬硅-镍硅）	铁	铜镍	红	黄
TC	T（铜-康铜）	铜	铜镍	红	蓝
KX	K（镍铬-镍硅）	镍铬	铜镍	红	黑
EX	E（镍铬-铜镍）	镍铬	铜镍	红	棕
JX	J（铁-铜镍）	铁	铜镍	红	紫
TX	T（铜-铜镍）	铜	铜镍	红	白

度自动补偿装置的仪表。这样，应用补偿导线才有意义。

补偿电桥法，又称冷端温度补偿器法，是利用不平衡电桥产生的不平衡电压，来补偿电偶因自由端温度变化而引起的热电势变化值，从而达到等效地使自由端温度恒定的一种自动补偿法。如图 1-3 所示，图中 R_1、R_2 和 R_3 均为锰铜丝制的电阻，其阻值受温度影响很小，R_4 是铜丝制的电阻，其阻值按一定规律随温度变化而变化，R_B 是串联在电源回路中的降压电阻，用来调整补偿电动势的大小。冷端温度补偿器的基准点是当 $R_1=R_2=R_3=R_4$ 时的温度，在此温度下，C、D 两端无电位差，电桥处于平衡状态。当环境温度变化时，R_4 阻值随之变化，电桥发生不平衡，在 C、D 两端产生电位差，使之正好补偿热电偶因冷端温度变化造成的热电势的改变。不同分度号热电偶配不同型号的补偿器，并用补偿导线连接。

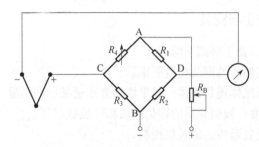

图 1-3　具有补偿电桥的热电偶测温线路

3. 热电阻温度计

在测温领域，除了热电偶温度计以外，常用的还有热电阻温度计。在工业生产中，在 120～500℃ 范围内的温度测量常常使用热电阻温度计。

（1）测温原理

热电阻温度计是利用金属导体的电阻值随温度变化而变化的特性来进行温度测量的。一定温度范围内电阻与温度呈线性关系，如下式：

$$R_t = R_{t_0}[1+\alpha(t-t_0)]$$

$$\Delta R_t = \alpha R_0(t-t_0)$$

式中　R_t、R_{t_0}——温度 t 和 t_0 时的热电阻，Ω；

$\qquad\alpha$——电阻温度系数，1/℃；

$\qquad\Delta R_t$——电阻值的变化量，Ω。

（2）工业常用热电阻

虽然大多数金属导体的电阻值随温度的变化而变化，但是它们并不都能作为测温用的热电阻。热电阻材料应满足以下要求：

① 电阻温度系数应比较大，这样温度变化所引起的电阻值变化才能大；

② 电阻率要大，这样，小尺寸下就有大电阻值；

③ 在整个测温范围内，应具有稳定的物理、化学性质和良好的复现性；

④ 电阻值随温度的变化关系，最好呈线性。

目前工业中常用的热电阻主要有铂电阻和铜电阻，见表 1-4。

（3）热电阻的构造

① 普通型热电阻主要是由电阻体、引线端、绝缘子、保护套管和接线盒组成。其中保护

套管和接线盒与热电偶的基本相同。

表1-4　常用热电阻种类及特性

热电阻名称	型号	分度号	测温范围/℃	0℃时电阻值及其允差/Ω
铂电阻	WZP	Pt100	−260～630	100 ± 0.1
铜电阻	WZC	Cu100	−50～150	50 ± 0.05
		Cu50	−50～150	100 ± 0.1

② 铠装式热电阻是将电阻体拉制成型并与绝缘材料和保护套管连成一体。这种热电阻体积小、抗震性能好、可弯曲、热惯性小、使用寿命长。

4. 温度计的选用、校正与安装

在选用温度计之前，要了解如下情况：

① 测量的目的、测温的范围及精度要求。

② 测温的对象：是流体还是固体；是平均温度还是某点的温度（或温度分布）；是固体表面还是颗粒层中的温度；被测介质的理化性质和环境状况等。

③ 被测温度是否需要远传、记录和控制。

④ 在测量动态温度变化的场合，需要了解对温度计的灵敏度要求。

在使用任何的测温仪表之前，必须了解该仪表的量程、分度值和仪表的精度，并对该仪表进行标定或校正。对于自制的测温仪表，如自制的热电偶，在使用前必须进行标定。对于已修复的受损温度计和精密测量的温度计，更需要进行温度计的校正。

温度计的校正和标定有直接法和基准温度计法。前者系在测量范围内选定几种已知相变温度的基准物，将被测温度计（或感温元件）插入所选基准物中进行标定和校正，例如：水的三相点（水的固态、液态和气态三相间的平衡点）为 273.16K；在标准大气压下，水的沸点（水的液态和气态间的平衡点）为 373.15K；锌的凝固点（锌的固态和液态间的平衡点）为 692.65K 等。基准温度计法使用方便，故在实验中应用较多。现以 300℃以下的标定和校正为例进行说明。

选择适当量程范围的基准温度计，该温度计一般为二等标准温度计，并将被校温度计（或感温元件）和它一起放在恒温槽中的同一温度区域，而且温度计在槽中浸没的深度需至校正温度的位置。300℃以下不同温度范围需选用如下的介质系统：

① 冰点以下的校正：先将温度计插入酒精溶液中，然后加入干冰，使温度降到0℃以下，加入干冰量要视欲达到的校正温度而定。

② 冰点的校正：将温度计插入冰屑、水共存的测量槽中。

③ 95℃以下校正：在盛自来水的恒温槽中进行，但要注意恒温槽的精度。

④ 95～300℃校正：在盛有油的恒温槽中进行。200℃以下，使用变压器油；200～300℃使用 52#机油。

接触式温度计，如玻璃温度计、热电偶等，感温元件必须与被测介质充分接触，这有利于两者间的传热过程。在温度计安装过程中，有以下几点需要注意：

① 选择适当的测温点。测温点应该选在流体湍动程度比较大的地方。这样可获得较高的传热性能，即提高给热系数。例如，温度计安装在弯头处，并把感温元件迎着来流。若必须设在直管段时，感温元件部分需插入管的中心部分，且尽可能与流向成 90°角，至少也要迎

着来流成 45°角。

② 增大温度计的受热面积。为了保证温度计的受热面积，需保证温度计的插入深度，一般插入 150～300mm。若小管道测温时，不能保证这样深度，需要将测温点处的管径适当扩大，或采取其他措施。

③ 减小温度计向周围环境的散热面积。为了减少散热量，尽量使温度计插入管道内，以减少向周围环境的散热面积，并且将温度计的裸露部分以及相应的管道或设备加以良好的保温。

④ 若温度计需要有保护套管时，保护套管须采用导热性能差的材料，如陶瓷、不锈钢等，并以选用细长的薄管壁为宜。但采用导热性能差的保护套，会使温度计的灵敏度下降，导致动态性能差，为此经常会在套管内充填变压器油、铜屑、石墨屑等。

（二）压力测量

常用的测量压力的仪表有很多，实验室中常用的有液柱式压差计和弹性式压差计。

1. 液柱式压差计

液柱式压差计是根据流体静力学原理，利用工作液的液柱所产生的压力与被测压力平衡，根据液柱高度来确定被测压力大小的压力计。其工作液又称封液，常用的有水、酒精和水银。液柱式压差计结构简单，灵敏度和精确度都高，常用于校正其他类型压力计，应用比较广泛。缺点是体积大、反应慢、量程受液柱高度的限制，只用于测量微小的压力、真空度或者压差，容易损坏，读数不方便，难于自动测量。

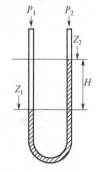

图1-4　U形管压差计

（1）U 形管压差计

U 形管压差计的结构原理如图 1-4 所示，常用一根粗细均匀的玻璃管制成，管内装有指示液体，两端分别连接两个测压点。当 U 形管两端的压强不同时，两边液面会产生高度差。

根据流体静压力学基本方程可知

$$P_1 + Z_1 \rho g = P_2 + Z_2 \rho g + H \rho_0 g$$

当被测管段水平放置时（$Z_1 - Z_2 = H$），上式可以简化为

$$\Delta P = P_1 - P_2 = (\rho_0 - \rho)gH$$

式中　ρ_0——U 形管内指示液的密度，kg/m^3；

　　　ρ——管路中流体的密度，kg/m^3；

　　　H——U 形管指示液两端的液面差，m；

　Z_1、Z_2——距离测压口竖直高度，m。

U 形管压差计常用的指示液为汞和水等。当测压范围很小，且流体为水时，还可以用氯苯（$\rho_{20℃}=1106kg/m^3$）和四氯化碳（$\rho_{25℃}=1584kg/m^3$）作指示液。

记录 U 形管压差计读数时，正确方法应该是同时指明指示液和待测流体名称。例如，待测流体为水，指示液为汞，液柱高度 H 为 50mm 时，压差 ΔP 的读数应为

$$\Delta P = 50mm$$

若 U 形管一端与设备或管道连接，另一端与大气相通，这时读数所反映的则是管道中某

截面处流体的绝对压强与大气压之差，即为表压强。

（2）倒 U 形管压差计

将 U 形管压差计倒置，如图 1-5 所示，称为倒 U 形管压差计。这种压差计的优点是以倒 U 形管的上部为空气作为指示剂，不需要另加指示液。这种压差计一般用于测量液体压差小的情形。

（3）单管压差计

单管压差计（如图 1-6 所示）是 U 形压差计的变形，用一只直杯形管代替 U 形压差计中的一根管子。由于杯的截面 $S_{杯}$ 远大于玻璃管的截面 S（一般情况下 $S_{杯}/S_{管} \geqslant 200$），所以其两端有压强差时，根据等体积原理，细管一边的液柱增加的高度 h_1 远大于杯内液面下降 h_2，即 $h_1 \gg h_2$。这样 h_2 可忽略不计，在读数时只需读一边液柱高度，这时最大误差比 U 形压差计减少近一半。

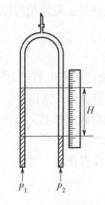

图 1-5　倒 U 形管压差计

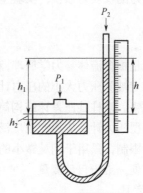

图 1-6　单管压差计

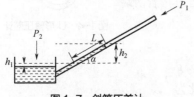

图 1-7　斜管压差计

（4）斜管压差计

当被测两点压差很小时，可以选用斜管压差计。为了减少读数的相对误差，拉长液柱，将测量管倾斜放置（如图 1-7 所示）。斜管压差计的刻度比单管压差计的刻度放大了 $1/\sin\alpha$ 倍（$\sin\alpha = h_2/L$），更便于测量微压，一般这种压差计适用于测量 2～2000Pa 范围的压力。

（5）液柱式压差计的测量误差

① 环境温度变化的影响。当环境温度不是规定的温度 20℃时，由于封液密度、标尺长度均发生变化，所以必须进行修正。由于封液的体膨胀系数比标尺的线膨胀系数大 1～2 个数量级，所以一般只考虑封液密度变化的影响。其修正公式为

$$h_{20℃} = h[1 - a_V - (t - 20)]$$

式中　$h_{20℃}$——20℃时的封液液柱高度，m；

　　　h——温度 t 时封液液柱的高度，m；

　　　a_V——封液的体膨胀系数，1/℃；

　　　t——测量时的实际温度，℃。

② 重力加速度变化的影响。当测量地点的重力加速度与标准重力加速度相差太大时，应

作修正，其公式为

$$g_{\varphi} = \frac{g_N(1-0.00265\cos 2\varphi)}{1+(2H/R)}$$

式中 H——测量地点的海拔高度，m；

φ——测量地点的海拔纬度，°；

g_N——标准重力加速度，9.80665m/s²；

R——地球的公称半径，6371004m。

③ 毛细管现象的影响。封液在管内由于毛细管现象引起表面形成弯液面，使液柱产生附加的升高或降低。因此，要求液柱管的内径不能太细，当封液为酒精时，管子内径 $d \geqslant 3$mm；封液为水或水银时，管子内径 $d \geqslant 8$mm。

④ 其他误差。安装误差：使用液柱式压差计时，应使压差计处于垂直位置，接头处不得有泄漏，否则会产生安装误差。读数误差：测取读数时，对水和酒精，应从凹面的谷底算起；对水银，应从凸面的顶峰算起。眼睛应与封液凹面或凸面持平并沿切线方向读数，否则会产生读数误差。

2. 弹性式压差计

弹性式压差计以各种形式的弹性元件（如弹簧管、金属膜和波纹管）受压后产生的弹性变形作为测量的基础。由于变形的大小是被测压力的函数，故设法将变形的位移传递到仪表的指针或记录器上后，即可直接读出压力的数值。弹性式压差计的优点是方便、价格低廉、使用范围广，测量范围宽，可以测量负压、微压、低压、中压和高压。缺点是弹性元件有滞后，不宜测量变化频繁的脉动压力，如果元件对温度变化敏感，需加温度校正。利用这种方法测量的仪表主要有弹簧管压差计、膜片压差计、波纹管式压差计等。

（1）弹簧管压差计

弹簧管压差计主要由弹簧管、传动机构、指示机构和表壳等四大部件组成，如图 1-8 所示。弹簧管压差计的测量元件是一根弯成 270°圆弧的椭圆截面的空心金属管，其一端封闭，另一端与测压点相接。当通入压力后，由于椭圆形截面在压力作用下趋向圆形，弹簧管随之产生向外挺直的扩张变形——产生位移，此位移量由封闭着的一端带动机械传动装置（如图所示的拉杆和扇形齿轮），使指针显示相应的压力值。该压差计用于测量正压时，称为压力表；测量负压时，称为真空表。

在选用弹簧管压差计时，应注意工作介质的物性和量程，同时还应注意其精度。

弹簧管压差计的准确度等级主要取决于：弹簧管的灵敏度、弹性后效、弹性迟滞和剩余形变的大小。弹簧管压差计误差的主要来源于：非线性误差（和弹性元件材料、尺寸及加工工艺等有关）、弹性缺陷引起的误差（弹性后效、弹性迟滞和剩余形变等）、表盘分度误差、示值判断误差、温度引起的误差及安装位置引起的误差。

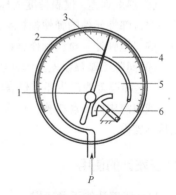

图 1-8 弹簧管压差计

1—小齿轮；2—刻度盘；3—指针；
4—弹簧管；5—拉杆；6—扇形齿轮

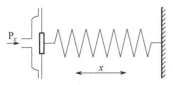

图1-9 挠性膜片压差计

（2）膜片压差计

膜片压差计是利用金属膜片作为敏感元件。膜片四周加以固定，当膜片两侧面受到不同压力时，膜片将弯向压力低的一面，使其中心产生一定位移，通过传动机构使指针在度盘上转动，指示出被测压力值。常用的膜片分为弹性波纹膜片和挠性膜片。弹性波纹膜片是一种压有环状同心波纹的圆形薄片，灵敏度高，性能比较稳定。而挠性膜片的挠性面没有波纹而接近平面，一般只起隔离被测介质的作用，它本身几乎没有弹性，是由固定在膜片上的弹簧来平衡被测压力的（如图1-9所示）。膜片压差计常用于测量腐蚀性介质或非凝固、非晶体黏性介质的压力，适用于真空至6MPa的压力测量。

膜盒压差计，是将两块膜片沿周边对焊起来，形成的膜盒作为敏感元件的弹性压差计。膜盒压差计适用于测量气体的微压或负压，广泛应于锅炉通风、气体管道、燃烧装置等设备上，测压范围一般为-80Pa～60kPa。可以通过增大膜片中心位移，提高测压灵敏度。还可把多个膜盒串接在一起，形成膜盒组。

（3）波纹管式压差计

波纹管式压差计以波纹管为感压元件来测量压差信号，工作原理如图1-10所示。当被测量压力经过压力接头进入由波纹管和螺旋弹簧组成的波纹管压力室时，波纹管底部受压力作用产生位移，通过导压支杆推动传动机构，进而记录被测压力值。波纹管的开口端固定，封闭端的位移作为输出，由于波纹管的位移相对较大，故灵敏度高，常用于测量较低的压力（1.0～1.6Pa），精度等级1.5级。

（4）弹性式压差计的误差分析

① 迟滞误差。同一弹性元件在相同压力下正反行程的变形量不一样，而且元件的变形往往落后于被测压力的变化。

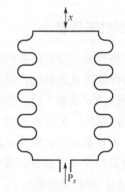

图1-10 波纹管式压差计工作原理

这种迟滞误差是造成弹性压差计误差的主要原因。为了减少迟滞误差，可以采用迟滞误差小的"高弹性"材料，如 $Co_{40}NiCrMo$ 合金。

② 温度误差。仪表精度的标定是在标准温度下进行的，当使用环境的温度偏离标准温度很多时，弹性元件的弹性模量会产生变化，因而造成较大误差。解决的方法是采用温度误差很小的"恒弹性"材料制作弹性元件，如 $Ni_{42}CrTiAl$ 合金等。

③ 间隙和摩擦误差。弹性压差计中传动系统机构间的间隙和摩擦阻力会引起附加误差。此外，这种误差的产生还与仪表的安装不当有关。为减少这种误差，可以采用新的传动技术，减少或取消中间传动机构，如采用电阻应变转换技术等；还可以采用无干摩擦的弹性支撑或磁悬浮支撑。

3. 压差计的使用

（1）压差计的正确选用

仪表类型的选用。仪表类型的选用必须满足工艺生产或实验研究的要求，例如：是否需要远传变送、报警或自动记录等，被测介质的物理化学性质和状态（黏度、温度、腐蚀性、清洁程度）是否对测量仪表提出特殊要求，周围环境条件（温度、湿度、振动等）对仪表类型是否有特殊要求等。总之，正确选用仪表类型是保证安全生产及仪表正常工作的重要前提。

仪表的量程范围应符合工艺生产和实验操作的要求。仪表的量程范围是指仪表刻度的下限值到上限值，它应根据操作中所需测量的参数大小来确定。测量压力时，为了避免压差计超负荷，压差计的上限值应该高于实际操作中可能的最大压力值。对于弹性式压差计，在被测压力比较稳定的情况下，其量程上限值应为被测最大压力的 4/3 倍；当测压点处压力波动较大时，其量程上限值应为被测最大压力的 3/2 倍。此外，为了保证测量值的准确度，所测压力值不能接近仪表的下限值，一般被测压力的最小值应不低于仪表全量程的 1/3。

根据所测参数大小计算出仪表的上下限后，还不能以此值作为选用仪表的极限值。仪表标尺的极限值不是任意取的，它是由国家主管部门用标准规定的。因此，选用仪表的极限值时，要按照相应的标准中的数值选用（一般在相应的产品目录或工艺手册可查到）。

仪表精度等级的选取。仪表精度级别是由工艺生产或实验研究所允许的最大误差来确定的。一般来说，仪表越精密，测量结果越精确、可靠。但是，仪表精度的提高带来的是成本的增加，同时高精度的仪表的维护和使用要求相对苛刻。因此，在满足操作要求的前提下，应本着节约的原则，正确地选择仪表的精度等级。

测压点的选择。测压点的选择对于正确测得静压值十分重要。根据流体流动的基本原理可知，测压点应选在受流体流动干扰最小的地方。例如，在管线上测压，测压点应选在离流体上游的管线弯头、阀门或其他障碍物 40～50 倍管内径的距离，确保紊乱的流线经过该稳定段后在近壁面处的流线与管壁面平行，形成稳定的流动状态，从而避免动能对测量的影响。根据流动边界层理论，若条件所限，不能保证 40～50 倍管内径长度的稳定段，可设置整流板或整流管，清除动能的影响。

（2）压差计的安装

安装地点应力求避免振动和高温的影响。弹性压差计在高温情况下，其指示值将偏高，一般应在低于 50℃的环境下工作，或利用必要的防高温防热措施。在安装液柱式压差计时，要注意安装的垂直度，读数时视线与分界面之弯液面相切。

（3）压差计的使用

测量液体流动管道上下游两点间压差。若气体混入，形成气液两相流，其测量结果不可取。因为单相流动阻力与气液两相流动阻力的数值及规律性差别很大。例如在离心泵吸入口处是负压；文丘里管等节流式流量计的节流孔处可能是负压；管内液体从高处向低处常压贮槽流动时，高段压强是负压，这些部位有空气漏入时，对测量结果影响很大。

可选取多个测压点。操作时避免旁路流动，使检测结果准确可靠。

（三）流体流量测量

测定流体流量的方法和可用的流量计种类很多，在工业催化实验中，常用节流式流量计、转子流量计、涡轮流量计和湿式流量计等来测定流体的流量。

1. 节流式流量计

节流式流量计是利用液体流经节流装置时产生压力差而实现流量测量的。它通常是由能将被测流量转换成压力差信号的节流件（如孔板、喷嘴、文丘里管等）和测量压力差的压力计组成。

（1）流量基本方程

流体流过节流装置所产生的压力差和流量的关系式，是由连续性方程和伯努利方程导出的。

$$q_V = C_0 A_0 = \varepsilon \sqrt{\frac{2}{\rho}(p_1 - p_2)}$$

式中　C_0——流量系数；

A_0——节流孔开孔面积，m^2，$A_0 = \frac{\pi}{4}d_0^2$，d_0——节流孔直径，m；

ε——膨胀校正系数，它与孔板前后压力的相对变化量、介质的等熵指数、孔口截面积与管道截面积之比等因素有关，应用时查阅有关手册；对不可压缩的液体来说，常取 $\varepsilon=1$；

ρ——流体密度，kg/m^3；

$p_1 - p_2$——节流孔上下游两侧压力差，Pa。

流量系数 C_0 是一个影响因素复杂、变化范围大的重要系数。在节流装置形式一定、孔径比一定的条件下，当雷诺数大于某一界限值以后，C_0 将不再随雷诺数变化，而趋向于一个定值。测量流量时，流量的变化范围最好落在流量系数 C_0 为常数的范围内，这样流量 q_V 与压力差（$p_1 - p_2$）之间才有恒定的对应关系。

（2）节流元件的结构

孔板。孔板的结构非常简单，它是一块中间带圆孔的圆板。圆孔比管道的直径小，它由圆柱形的流入面和圆锥形的流出面所组成，如图 1-11 所示的孔板就是最常用的标准孔板。

喷嘴。喷嘴的制造要比孔板难，它像一个倒置的短喇叭，流入面的截面逐渐变小，如图 1-12 所示。喷嘴的能量损失介于孔板和文丘里管之间；测量精度较高；对腐蚀性大、脏污的介质不太敏感，所以在测量这类介质时，可选用这种节流装置。

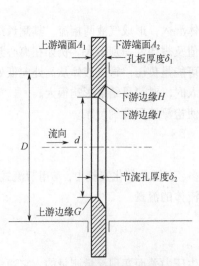

图 1-11　标准孔板结构示意图

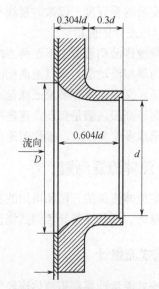

图 1-12　标准喷嘴结构示意图

文丘里管。文丘里管像一个长喇叭管，如图 1-13 所示，其内表面形状与流体的流线非常接近，能量损失为各种节流装置中最小的，流体流过文丘里管后压力基本能恢复，但制造工艺复杂，成本高。

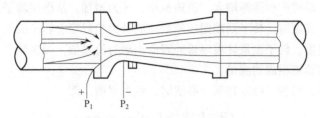

图1-13 文丘里管结构示意图

（3）节流式流量计的安装与使用

节流式流量计是目前工业生产中用来测量气体、液体和蒸气流量最常用的一种测量仪表。使用节流式流量计测量流量时，影响流动形态、速度分布和能量损失的各种因素都会对流量与压差关系产生影响，从而导致测量误差。因此使用时需注意以下几个问题。

流体必须为牛顿流体，在物理上和热力学上是单相的，或者可认为是单相的，且流经节流件时不发生相变化。

流体在节流件前后必须完全充满管道整个截面。保证节流件前后的直管段足够长，一般上游直管段长度为10~20D，下游直管段长度为5D左右。

注意节流件的安装方向。使用孔板时，圆柱形锐孔应朝向上游；使用喷嘴和1/4圆喷嘴时，喇叭形曲面应朝向上游；使用文丘里管时，较短的渐缩段应装在上游，较长的渐扩段应装在下游。

经长期使用的节流件必须考虑有无腐蚀、磨损、结污问题，若观察到节流件的几何形状和尺寸已发生变化时，应采取有效措施妥善处理。

取压点、导压管和压差测量问题对流量测量精度的影响也很大，安装时可参看压差测量部分。

当被测流体的密度与设计计算或流量标定用的流体密度不同时，应对流量与压差关系进行修正。

2. 转子流量计

转子流量计是工业生产过程中应用较为广泛的一类流量计。它又称浮子流量计、恒压降变截面流量计。按锥形管材料的不同可分为玻璃管转子流量计和金属管转子流量计。玻璃管转子流量计结构简单、刻度直观、成本低廉、使用方便。用于常温常压下透明介质的测量，耐压能力低，一般为就地直读式。金属管转子流量计用于高温高压、不透明及腐蚀性介质流量的测量，其耐压能力高，一般有就地指示型和信号远传型。

（1）结构及测量原理

转子流量计的结构如图1-14所示，是由一段上粗下细的锥形玻璃管（锥角在4°左右）和管内一个密度大于被测流体的固体浮子（或称转子）所构成。流体自玻璃管底部流入，经过转子和管壁之间的环隙，再从顶部流出。

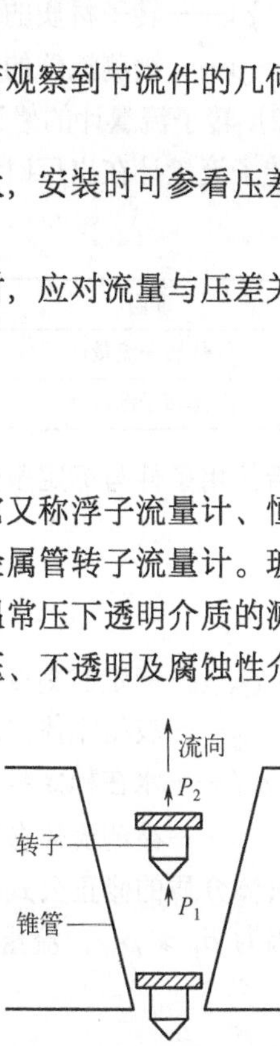

管中无流体通过时，转子沉在管底部。当被测流体以一定的流量流经转子与管壁之间的环隙时，由于流道截面减小，流

图1-14 转子流量计结构示意图

速增大，压力随之降低，于是在转子上、下端面形成一个压差，将转子托起，使转子上浮。随着转子的上浮，环隙面积逐渐增大，流速减小，压力增加，从而使转子两端的压差降低。当转子上浮至某一高度时，转子两端面压差造成的升力恰好等于转子的重力时，转子不再上升，而悬浮在该高度。转子流量计玻璃管外表面上刻有流量值，根据转子平衡时其上端平面所处的位置，即可读取相应的流量。

根据力学原理，当转子稳定在某一高度时，受力平衡，即

$$(P_1 - P_2)S_f = V_f\rho_f g - V_f\rho g$$

流量公式为

$$V_S = C_R S_R \sqrt{\frac{2(P_1 - P_2)}{\rho}}$$

$$V_S = C_R S_R \sqrt{\frac{2gV_f(\rho_f - \rho)}{S_f\rho}}$$

式中　C_R——转子流量计孔板系数；

S_R——转子与玻璃管的环隙截面积；

V_f——转子的体积；

S_f——转子最大部分的截面积；

ρ_f——转子材质的密度；

ρ——被测流体的密度。

（2）转子流量计的修正

转子流量计在出厂时需要进行标定，其标定条件如表1-5所示。

表1-5　转子流量计的标定条件

项目	介质种类	温度/℃	压力/mmHg
气体转子流量计	空气	20	760
液体转子流量计	水	20	760

若使用条件与标定条件不同时，需进行修正或重新标定。液体介质的修正公式如下：

$$Q_{实} = \sqrt{\frac{\rho(\rho_f - \rho)}{\rho(\rho_f - \rho_水)}}Q_0$$

式中　Q_0——标定时刻度流量值（转子流量计的示值）；

$Q_{实}$——被测流体实际流量；

$\rho_水$——水在标定状态下的密度；

ρ——被测流体在工作状态下的密度。

气体介质的修正公式：

因为 $\rho_f \gg \rho_{air}$，流量修正公式可简化为

$$Q_{实} = \sqrt{\frac{\rho_1}{\rho_2}}Q_0$$

式中 ρ_1——标定状态下所用空气的密度;

ρ——被测介质的密度。

(3) 转子流量计的安装与使用

转子流量计必须垂直安装,不允许有明显的倾斜(倾角要小于2°),否则会带来测量误差。

为了检修方便,在转子流量计上游应设置调节阀。

转子对粘污比较敏感。如果黏附污垢,则转子的质量、环形通道的截面积会发生变化,甚至还可能出现转子不能上下垂直浮动的情况,从而引起测量误差。

调节或控制流量不宜采用电磁阀等速开阀门,否则,迅速开启阀门,转子就会冲到顶部,因骤然受阻失去平衡而将玻璃管撞破或将玻璃转子撞碎。

若被测流体温度高于70℃,应在流量计外侧安装保护套,以防玻璃管因溅有冷水而骤冷破裂。国产LZB系列转子流量计的最高工作温度有120℃和160℃两种。

3. 涡轮流量计

(1) 结构及测量原理

涡轮流量计是在动量矩守恒原理的基础上设计的,由涡轮流量变送器和显示仪表组成。涡轮流量变送器包括涡轮、导流器、磁电感应转换器(包括永久磁铁和感应线圈)、外壳及前置放大器等部分,如图1-15所示。

流体在进入涡轮前,先经导流器导流,避免流体自旋改变流体和涡轮叶片的作用角度,保证精度。导流器装有摩擦很小的轴承,用以支撑涡轮。涡轮由导磁的不

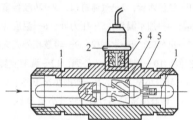

图1-15 涡轮流量计结构图
1—导流器;2—前置放大器;3—外壳;
4—涡轮;5—磁电感应转换器

锈钢制成,装有数片螺旋形叶片。当导磁性叶片旋转时,周期性改变磁电系统的磁阻值,使通过涡轮上方线圈的磁通量发生周期性变化,在线圈内感应出脉冲电信号——脉冲数,这个信号经过前置放大器在显示仪表上显示。

(2) 涡轮流量计的特点

涡轮流量计一是测量精度高,其精度可以达到0.5级以上,在狭小范围内甚至可达0.1%,故可作为校验1.5~2.5级普通流量计的标准计量仪表。二是对被测信号变化的反应快,若被测介质为水,涡轮流量计的时间常数一般只有几毫秒到几十毫秒,因此特别适用于对脉动流量的测量。三是测量范围较宽,量程比可达10:1。四是对被测流体清洁度要求较高,适用于温度范围(-20℃~120℃)的流体,轴承的磨损会使仪表的寿命受到影响。

(3) 涡轮流量计的选用、安装与使用

正确选用流量系数值。每一个涡轮变送器都有一个流量系数ζ(出厂时已经标定),相互不能混淆,而且必须在相应的流量和黏度范围内使用,以保证测量精度。影响ζ的因素很多,其值是由实验测定的在允许流量范围内取得的平均值。

使用涡轮流量计时,一般加装过滤器以保证被测介质的洁净,减少磨损,并防止涡轮被卡住。

安装时,必须保证流量计的前后有一定的直管段,使流向比较稳定。一般入口段长度取管道内径的10倍以上,出口段取5倍以上。

4. 湿式流量计

湿式流量计是用来测定难溶于水或溶液的气体流量的常用仪器，属容积式流量计，它能把流量随时间变化的累积量指示出来，读值可靠、使用方便，但不适用于微小流量的测量。被校准过的湿式流量计可作为标准仪器来校正其他类型的气体流量计。

（1）结构及测量原理

湿式流量计主要由圆筒形外壳、转鼓和传动计数机构组成，如图1-16所示。

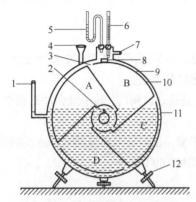

图1-16　湿式流量计结构示意图

1—溢流水管；2—气体进口；3—转鼓各室末端；4—加水漏斗；5—压力计；6—温度计；7—出气口；8—水平仪；9—转鼓和外壳夹层空间；10—转鼓；11—外壳；12—调节支脚；A—转鼓小室A区；B—转鼓小室B区；C—转鼓小室C区；D—转鼓小室D区

转鼓内部空间被弯曲的叶片隔成四个容积相等的气室A、B、C、D，转鼓的下半部浸于水中，充水量由溢流水管1指示，当气体通过进气口2到湿式流量计中心孔进入转鼓小室A时，在气体对器壁的压力下，转鼓便以顺时针方向旋转，随着A气室漂浮出水面而升高，B室因转鼓轴的移动而浸入水面，同时B室中气体从末端3排往空间9，由出气口7导出。与此同时，D室随之上升，气体开始进入D室。由于各小室的容积是一定的，故转鼓每转动一周，所通过气体的体积是四个室容积的总和。由转鼓带动指针与计数器即可直接读出气体的体积流量。

（2）湿式流量计的安装与使用

① 使用时先调节支脚，使流量计放置水平。

② 从加水漏斗注入水至溢流管有水溢出。测量过程中应保证水面高度无变化。

③ 被测气体中含有腐蚀性气体或油蒸气时，在进入流量计之前须经吸收器除去。

④ 必须记录测定时的压力和温度，以便换算为标准状态下的流量值。

⑤ 若低于0℃下进行测量，需加防冻剂（如甘油），以防止结冰损坏仪器。

⑥ 使用完毕，应将流量计中封闭液排出，用蒸馏水洗净、吹干，置于干燥处存放。

5. 流量计的校正

对于非标准化的各种流量仪表，例如转子、涡轮、椭圆齿轮等流量计，仪表制造厂在出厂前都进行了流量标定，建立流量刻度标尺，或给出流量系数、校正曲线。必须指出，仪表制造厂是以空气或水为工作介质，在标准技术状况下标定得到上述数据。然而，在实验室或生产上应用时，工作介质、压强、温度等操作条件往往和原来标定时的条件不同。为了精确地使用流量计，则在使用之前需要进行现场校正工作。

对于流量计的标定和校验，一般采取体积法、称重法和基准流量计法。体积法或称重法是通过测量一定时间内排出的流体体积或质量来实现的；基准流量计法是用一个已校正过的精度等级较高的流量计作为被校验流量计的比较基准。流量计标定的精度取决于测量体积的容器或称重的秤、测量时间的仪表以及基准流量计的精度。以上各个测量精度组成整个标定系统的精度，即被测流量计的精度。由此可知，若采用基准流量计法标定流量，欲提高被标定的流量计的精度，必须选用精度较高的流量计。

对于实验室而言，上述三种方法均可使用。对于小流量的液体流量计的标定，经常使用体积法或称重法，如用量筒作为标准体积容器或用天平称重。对于小流量的气体流量计，可以用标准容量瓶、皂膜流量计或湿式气体流量计等进行标定。

流量计标定的参考流程，如图 1-17 所示。安装被标定的流量计时，必须保证流量计前后有足够长的直管稳定段。对于大流量的流量计，用标准计量槽、标准气柜代替量筒、标准容量瓶即可。

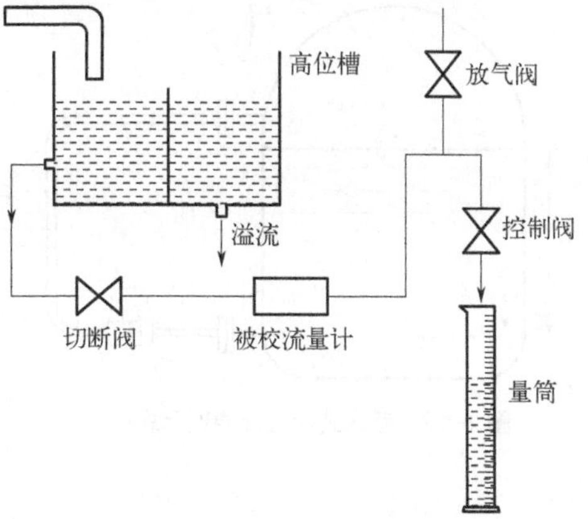

图 1-17　流量计标定的参考流程

（四）液位测量

液位是表征设备或容器内液体储量多少的度量。液位检测为保证生产过程的正常运行，如调节物料平衡、掌握物料消耗量、确定产品产量等提供决策依据。

液位测量方法因物系性质的变化而异，故液位计的种类较多，有直读式液位计、差压式液位计、浮力式液位计、电磁式液位计、辐射式液位计、声波式液位计、光学式液位计等。

下面介绍实验室中常用的直读式液位计、差压式液位计、浮力式液位计。

1. 直读式液位计

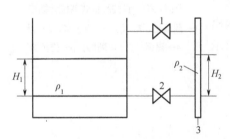

图 1-18　直读式液位计测量原理示意图

1—气相切断阀；2—液相切断阀；3—玻璃管

利用仪表的两端分别直接与被测容器的气相端和液相端相连，直接读取容器中的液位高低。直读式液位计测量原理见图 1-18。

利用液相压力平衡原理

$$H_1 \rho_1 g = H_2 \rho_2 g$$

当 $\rho_1 = \rho_2$ 时，$H_1 = H_2$。

这种液位计适宜于就地直读液位的测量。当介质温差大时，ρ_1 不等于 ρ_2，就会出现误差。但由于简单实用，因此应用广泛，有时也用于自动液位计的零位和最高液位的校准。

玻璃管式液位计即为就地直读液位计。早期的玻璃管式液位计由于结构上的缺点，如玻璃管易碎、长度有限等，只用于开口常压容器的液位测量。目前由于玻璃管材质改用石英玻璃，同时外加了金属保护管，克服了易碎的缺点。此外，石英具有适宜于高温高压下操作的特点，因此也扩宽了玻璃管式液位计的适用范围。

2. 差压式液位计

差压式液位计一般是利用差压或压力变送器来测量液位，且能输出标准的电流信号（4～20mA），又被称为差压式液位变送器。差压式液位变送器，是利用容器内的液位改变时，由液柱产生的静压也相应变化的原理而工作的，如图 1-19 所示。将差压式液位变送器的一端接液相，另一端接气相。设容器上部空间为干燥气体，其压力为 p，则

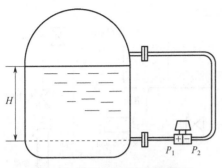

图 1-19 差压式液位计原理示意图

$$p_1 = p + H\rho g$$

由此可得

$$\Delta p = p_1 - p = H\rho g$$

式中　Δp——差压式液位变送器测得的压力差；

　　　ρ——介质密度；

　　　H——液位高度。

通常被测液体的密度是已知的，差压式液位变送器测得的压力差与液位高度成正比，这样就把量液位高度转化为测量压力差的问题。

3. 浮力式液位计

这类仪表利用浮子（或称沉筒）高度随液位变化而变化或液体对浸没于液体中的浮子的力随液位高度而变化的原理工作。浮力式液位计主要有浮子式液位计、浮筒式液位计和磁性翻板式液位计。下面简要介绍磁性翻板式液位计。

磁性翻板式液位计的安装结构示意图见图 1-20，与容器相连的浮子室（用非导磁的不锈钢制成）内装带磁钢的浮子，翻板指示标尺贴着浮子室壁安装。当液位上升或下降时，浮子随之升降，翻板标尺中的翻板，受到浮子内磁钢的吸引而翻转，翻转部分显示为红色，未翻转部分显示为绿色，红绿分界之处即表示液位所在。

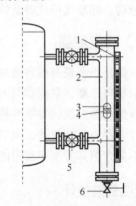

图 1-20　磁性翻板式液位计结构
1—翻板指示标尺；2—浮子室；3—浮子；
4—磁钢；5—切断阀；6—排污阀

二、物质的定性定量分析

（一）气相色谱分析技术（GC）

1. 气相色谱仪的结构及工作原理

色谱法，又称层析法或色层法，是利用物质的溶解性和吸附性等特性的物理化学分离方法，分离原理是根据混合物中各组分在流动相和固定相之间作用的差异作为分离依据。其中以气体作为流动相的色谱法称为气相色谱法（Gas Chromatography，简称 GC），气相色谱是机械化程度很高的色谱方法，广泛应用于小分子量复杂组分物质的定量分析。

气相色谱仪主要由气路系统、进样系统、分离系统、检测及温控系统、记录系统组成（如图 1-21 所示）。气相色谱仪的载气由高压钢瓶中流出，经减压阀降到气相色谱仪所需压力后，通过净化干燥管使载气净化，再经稳压阀和流量计后，以稳定的压力、恒定的速度流经汽化室后与已完成汽化的样品进行混合，将样品气体输送至色谱柱中进行分离。分离后的各组分先后流入检测器中进行检测。检测器将待测组分的浓度或质量变化转化为电信号，经放大后在记录仪上记录下来，便可得到色谱流出曲线。根据色谱流出曲线上的保留时间，可以进行定性分析，根据峰面积或峰高的大小，可以进行定量分析。具体分析流程如图1-22所示。

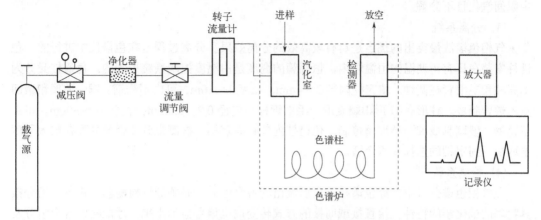

图1-21 气相色谱仪的组成示意图

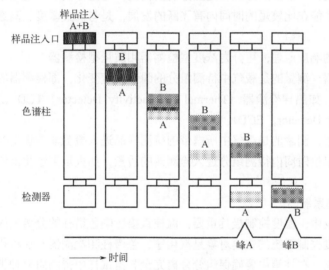

图1-22 气相色谱仪的分析流程

（1）气路系统

气相色谱仪的气路系统包括气源、净化干燥管和载气流速控制装置，是一个载气连续运行的密闭管路系统，通过气相色谱仪的气路系统获得纯净、流速稳定的载气。气相色谱仪气路系统的气密性、流量监测的准确性及载气流速的稳定性都是影响气相色谱仪性能的重要因素。

气相色谱仪中常用的载气有氢气、氮气和氩气，纯度要求99.999%以上，化学惰性好，不与待测组分反应。载气的选择除了要求考虑待测组分的分离效果之外，还要考虑待测组分在不同载气条件下的检测器灵敏度。

（2）进样系统

气相色谱仪的进样系统主要包括进样器和汽化室两部分。根据待测组分的相态不同，采用不同的进样器。液体样品的进样操作一般采用平头微量进样器。气体样品的进样常采用色谱仪自带的旋转式六通阀或尖头微量进样器。固体试样一般先溶解于适当试剂中，然后用微量注射器以液体方式进样。汽化室一般由一根不锈钢管制成，管外绕有加热丝，作用是将液体试样瞬间完全汽化为蒸气。汽化室热容量要足够大，且无催化效应，以确保样品在汽化室中瞬间汽化且不分解。

（3）分离系统

气相色谱法最突出的优点是具有较高效的分离效果。分离过程是在色谱柱中进行的，色谱柱安装在具有可调温的恒温箱内，恒温箱的温度是由温度控制系统控制的。色谱柱又分为填充柱和毛细管柱两种。填充柱内径 2~4mm，长度 1~10m，可由不锈钢、铜、玻璃和聚四氟乙烯管制成。柱形有 U 形和螺旋形。毛细管柱，内径 0.2~0.5mm，长度 10~300m。可由不锈钢、玻璃制成或石英玻璃拉制。色谱柱内装有固定相，被测组分能否被分离在很大程度上取决于固定相的选择是否合适。

（4）检测系统

在气相色谱分析中，经色谱柱分离后流出的各个组分，必须通过检测器，将各个组分按其物理的或化学的特性，用直接或间接的方式转变成电信号显示出来，才能鉴别各个组分及其浓度的变化情况，从而达到定性和定量分析的目的，可见检测器也是气相色谱的重要组成部分。气相色谱法能在比较短的时间内有飞跃的发展，是与高灵敏度、高选择性的检测器的应用分不开的。

根据检测器的响应原理，可分为浓度型检测器和质量型检测器。

浓度型检测器：测量的是载气中待测组分的瞬间浓度变化，即检测器的响应信号正比于待测组分的浓度，如热导检测器（Thermal Conductivity Detector，TCD）、电子捕获检测器（Electron Capture Detector，ECD）。

质量型检测器：测量的是载气中所携带的待测样品进入检测器的速度变化，即检测器的响应信号正比于单位时间内待测组分进入检测器的质量，如火焰离子化检测器和火焰光度检测器。

（5）温度控制系统

在气相色谱仪中，温度控制极其重要，温控直接影响色谱柱的分离效能、检测器的灵敏度和稳定性。温度控制系统的主要对象是汽化室、色谱柱和检测器。在汽化室中要保证液体试样瞬间完全汽化，在柱箱中要确保组分分离完全。当试样中待测组分种类繁多时，柱箱温度需要通过程序控制温度变化，各组分应在最佳温度下分离，并确保试样中各组分在检测器中通过时不发生冷凝。

气相色谱仪的温度控制方式分为恒温和程序升温两种。

恒温控温方式：对于沸程较窄的简单样品，可采用恒温模式。简单的气体分析和液体样品分析均采用恒温模式。

程序升温控温方式：是指在一个分析周期内，气相色谱仪中色谱柱的温度随时间由低温到高温呈阶梯式变化，使沸点不同的组分在最理想柱温下流出，从而改善分离效果，缩短分析时间。

对于沸程较宽的复杂样品，如果在恒温下分离难以达到理想的分离效果，应使用程序升温方法。

（6）记录系统

气相色谱仪的记录系统主要用于气相色谱仪记录检测器的检测信号，并进行定量数据处理和记录。部分气相色谱仪还配有电子计算机，可自动测量色谱峰的面积，直接提供定量分析的准确数据，并能自动对色谱分析数据进行再处理分析。

2. 气相色谱的定性分析方法

气相色谱的定性分析主要有保留值定性法、化学试剂定性法和检测器定性法。气相色谱的保留值有保留时间和保留体积两种，现在大多数情况下均用保留时间作为保留值。在相同的仪器操作条件和方法下，相同的有机物应有同样的保留时间，即在同一时间出峰。但必须注意：有同样保留时间的有机物并不一定相同。气相色谱保留时间定性分析方法就是将有机样品组分的保留时间与已知有机物在相同的仪器和操作条件下保留时间相比较，如果两个数值相同或在实验和仪器容许的误差范围内，就推定未知物组分可能是已知的比较有机物。但是，因为同一有机物在不同的色谱条件和仪器中保留时间有很大的差别，所以用保留时间值对色谱分离组分进行定性只能给初步的判断，绝大多数情况下还需要用其他方法作进一步的确认。一个最常用的确证方法是将可能的有机物加到有机样品中再进行一次气相色谱分析，如果有机样品中确含有已知有机物的组分，则相应的色谱峰会增大。这样比较两次色谱图峰值的变化，就可以确定前期初步推断是否正确。

3. 气相色谱的定量分析方法

气相色谱是对有机物各组分定量分析最有效的方法，其准确性远远超越光谱和质谱等仪器对有机物组分的定量分析。在某些条件限定下，气相色谱中被测组分 i 的质量 (m_i) 或其在载气中的浓度 (C_i) 与检测器的响应信号（色谱上表现为峰面积 A_i 或峰高 H_i）成正比，即

$$m_i = f_i A_i$$

这是色谱定量分析的依据，目前使用较多的定量方法有面积归一化法、外标法、内标法、内标标准曲线法等。

（1）面积归一化法

把所有出峰的组分含量之和按 100%计的定量方法，称为归一化法。当样品中所有组分均能流出色谱柱，并在检测器上都能产生信号的样品，可用归一化法定量，其中组分 i 的质量分数可按下式计算：

$$c_i = \frac{m_i}{m_1 + m_2 + \cdots + m_n} \times 100\% = \frac{f_i A_i}{\sum_{i=1}^{n} f_i A_i} \times 100\%$$

归一化法定量的主要问题是质量校正因子的测定较为麻烦，虽然一些校正因子可以从文献中查到或经过一些计算方法算出，但要得到准确的校正因子，还是需要用每一组分的基准物质直接测定。

气相色谱的一些主要检测器（如 FID 和 TCD）对某些组分（如同系物）的校正因子相近或有一定的规律，从文献中可以查到或进行计算。当校正因子相近时，可直接用峰面积归一化进行定量分析，例如表 1-6 中给出了 C8 芳烃异构体的分析结果。四个组分的 FID 检测器的质量校正因子在 0.96～1.00 之间，结果给出了用校正因子进行归一化法的定量结果和直接用峰面积进行归一化的定量结果。比较两个结果，误差很小。在这种情况下直接用峰面积归一是十分方便的，也是误差范围所允许的。

归一化法的优点：简单、准确，当操作条件（如流量、流速）变化时，对分析结果影响小。

归一化法的缺点：所有组分必须全部分离，并产生色谱峰，某些不需要定量分析的组分

必须测出其校正因子和峰面积。因此该方法在实际工作中受到了一定的限制。

表1-6　C8 芳烃异构体的分析结果（FID 检测器）

组分	峰面积 A_i	质量校正因子 f_i	$A_i \times f_i$	校正因子进行归一化法的定量结果	峰面积进行归一化的定量结果
乙苯	120	0.97	116	27	27.2
对二甲苯	75	1.00	75	17.5	17.1
间二甲苯	140	0.96	134	31.3	31.8
邻二甲苯	105	0.98	103	24.1	23.9

（2）外标法

用待测组分的纯品作对照物质，以对照物质和样品中待测组分的响应信号相比较进行定量的方法称为外标法。此法可分为工作曲线法及外标一点法等。工作曲线法是用对照物质配制一系列浓度的对照品溶液确定工作曲线，求出斜率、截距。在完全相同的条件下，加入与对照品溶液相同体积的样品溶液，根据待测组分的信号，从标准曲线上查出其浓度。标准曲线的截距通常应为零，若不等于零说明存在系统误差。工作曲线的截距为零，则可直接用外标一点法（直接比较法）定量分析。外标一点法是用一种浓度的对照品溶液对比测定样品溶液中 i 组分的含量。将对照品溶液与样品溶液在相同条件下多次进样，测得峰面积的平均值，用下式计算样品中 i 组分的量：

$$W_i = W_s \frac{A_i}{A_s}$$

式中，W_i 与 A_i 分别代表在样品溶液进样体积中所含 i 组分的重量及相应的峰面积。W_s 与 A_s 分别代表在对照品溶液进样体积中纯物质 i 组分的重量及相应峰面积。外标法方法简便，无需用校正因子，不论样品中其他组分是否出峰，均可对待测组分定量。但此法的准确性受进样重复性和实验条件稳定性的影响。此外，为了降低外标一点法的实验误差，应尽量使配制的对照品溶液的浓度与样品中组分的浓度相近。

（3）内标法

内标法是一种间接的校准方法。在分析测定样品中某组分含量时，加入一种内标物质以校准和消除由于操作条件的波动而对分析结果产生的影响，以提高分析结果的准确度。只要测定内标物和待测组分的峰面积与相对响应值，即可求出待测组分在样品中的百分含量。例如要测定试样组分 i（质量为 m_i）的质量分数 W_i，则可在试样中加入质量为 m_s 的内标物，试样质量为 m，则

$$m_i = f_i A_i$$
$$m_s = f_s A_s$$
$$\frac{m_i}{m_s} = \frac{f_i A_i}{f_s A_s}$$
$$m_i = \frac{f_i A_i}{f_s A_s} m_s$$
$$W_i = \frac{m_i}{m} \times 100\% = \frac{f_i A_i}{f_s A_s} \times \frac{m_s}{m} \times 100\%$$

一般以内标物为基准，则 $f_s = 1$，此时计算式可简化为

$$W_i = \frac{A_i}{A_s} \times \frac{m_s}{m} f_i \times 100\%$$

式中：f_i 是相对内标物的校正因子。内标法是通过测定内标物及待测组分的峰面积的相对值来计算的，因而由于操作条件变化而引起的误差，都将同时反应在内标物和待测组分上而得到抵消，所以可以得到较准确的结果。

采用内标法定量时，内标物的选择是一项十分重要的工作。需要满足以下要求：

① 样品中不存在内标物，且内标物的理化性质与待测物一致。

② 内标物不与样品中组分发生化学反应。

③ 内标物与待测物响应相近。

④ 内标物与待测物既能较好地分离，又不相距太远。

⑤ 内标物与待测物峰面积比在 $0.7 \sim 1.3$ 范围内最好（根据待测物浓度确定内标物的添加量）。

⑥ 常用的内标物有同系物以及质谱法常用的同位素内标物，如氘代内标。

（4）内标标准曲线法

为了减少称样和计算数据的麻烦，适用于快速控制分析的需要，可以用内标标准曲线法进行定量测定，这是一种简化的内标法。由 $W_i = \frac{m_i}{m} \times 100\% = \frac{f_i A_i}{f_s A_s} \times \frac{m_s}{m} \times 100\%$ 可知，如称取同样量的试样，加入恒定量的内标物，则此式中 $\frac{f_i}{f_s} \times \frac{m_s}{m} \times 100\%$ 为一常数，此时

$$W_i = \frac{A_i}{A_s} \cdot 常数$$

即被测物质的质量分数 W_i 与 A_i/A_s 成正比关系，以 W_i 对 A_i/A_s 作图将得到一条直线。

制作标准曲线时，先将待测组分的纯物质配制不同浓度的标准溶液。取固定量的标准溶液和内标物，混合后进样分析，测 A_i 和 A_s，以 A_i/A_s 对标准溶液浓度作图。分析试样时，取和制作标准曲线时所用的量是同样的试样和内标物，测出其峰面积比，从标准曲线上查出被测物的含量。此法不必测出校正因子及消除某些操作条件的影响，也不需要严格的定量进样，此法适合于液体试样的常规测定。

4. 气相色谱使用注意事项

① 气相色谱仪气路中的稳压阀，一般在出厂前都已调整好，用户不必再变动，若需重新调整则必须注意稳压阀只有在阀前后压差大于 0.05MPa 的条件下才能保证稳压作用，气相色谱仪上的稳压阀入口压力不得超过 0.6MPa，超过了会损坏稳压阀。

② 柱箱温度的设置必须低于色谱固定液的使用温度；检测器温度的设置应保证样品在检测器中不冷凝；汽化室进样系统的温度设置应高于样品组分的平均沸点，一般应高于柱箱温度 $30 \sim 50℃$。

③ 热导检测器的操作必须严格遵守热导检测器先通载气后通热导工作电流的操作原则。在长期停机后重新启动操作时，应先通载气 15min 以上，然后检测器通电，以保证热导元件不被氧化或烧坏。

④ 更换汽化室硅橡胶垫时，务必先把热导池桥电流关掉，换好硅橡胶垫后，通载气几分

钟后再接通桥电流。

⑤ 气相色谱仪使用后关机时，在高温使用后，尤其要注意必须在柱箱和检测器温度降到70℃以下，才能关闭气源。

⑥ 色谱柱连接用密封圈可根据不同使用温度采用不同材料，一般在200℃以下可采用硅橡胶圈，200～250℃以下可采用聚四氟乙烯圈，250℃以上可采用紫铜圈或柔性石墨圈。

（二）高效液相色谱分析技术（HPLC）

1. 高效液相色谱仪的结构及工作原理

高效液相色谱仪是由储液器、高压泵、进样系统、色谱分离柱、检测器和数据处理系统几部分组成，如图1-23所示。高压泵从储液器中抽走流动相，流经整个仪器系统，形成密闭的液体流路。样品通过进样系统注入色谱分离柱，在柱内进行分离。柱流出液进入检测器，使已被分离的组分逐一被检测器收集，并将响应值转变为电信号后经放大被数据处理系统记录色谱峰值，通过数据处理系统对记录的峰值进行存储和计算。液相色谱仪是依靠色谱柱进行分离的。研究证明，物质的色谱过程是指物质分子在相对运动的两相（液相和固相）中分配"平衡"的过程。液相色谱是以具有吸附性质的硅胶颗粒为固定相，各种洗脱液为流动相。当液体样品在载体流动相的推动下，在液-固两相间作相对运动时，由于各组分在两相中的分配系数不同，则使各自的移动速度不同，即产生差速迁移。各组分在两相间经过多次分配，从而达到使混合物分离的目的。

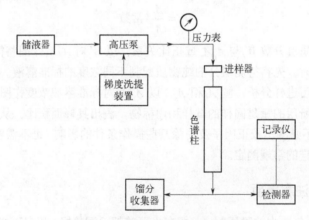

图1-23 高效液相色谱仪的组成示意图

2. 高效液相色谱法的特点及分类

高效液相色谱法和其他分析方法相比具有很高的分辨率，为了达到最佳的分离效果可以选择流动相和固定相；同时它的分析速度很快，一般只需要几分钟或者几十分钟；它还具有很高的重复性，使用样品还可以回收；它使用的色谱柱还可以重复使用，非常环保；具较高的自动化程度，且分析的精确度也很高。所以高效液相色谱法被广泛应用，尤其是对大部分的有机化合物进行分离和分析，在分离和分析高沸点、极性强、大分子、热稳定差的化合物时有很大的优势。由于分离机制不同，高效液相色谱法可分为以下几类。

① 吸附色谱。这种方法的固定相是固体吸附剂，流动相是不同极性溶剂，根据各个组分

在吸附剂上的吸附能力不同对其进行分离。

② 分配色谱。这种方法的固定相是液体。利用每一个组分在固定相中的溶解能力不同，对试样中的组分进行分离。

③ 亲和色谱。这种方法主要是对固定相的结合特性进行利用，然后将分子分离。亲和色谱在凝胶过滤色谱柱上连接和有待分离的物质有一定结合能力的分子，同时这种结合是可逆的，在对流动条件进行改变时，也能对其进行分离。

④ 离子交换色谱。这种色谱的固定相是离子交换剂，将离子交换树脂上可电离的离子和流动相中的具有相同电荷的溶质离子进行可逆交换，因为这些离子和交换剂的亲和能力不同，就会分离开来。

⑤ 体积排阻色谱。这种色谱的固定相是具有化学惰性的多孔性凝胶，固定相对各组分的体积阻滞作用不同，这样各组分就会发生分离。根据流动相的不同又可分为凝胶过滤色谱和凝胶渗透色谱。

应用高效液相色谱法对试样进行分离、分析，其方法的选择应考虑各种因素，其中包括试样的性质（相对分子质量、化学结构、极性、溶解度等化学性质和物理性质）、液相色谱分离类型的特点及应用范围、仪器的性质及色谱柱种类等。

相对分子质量较低、挥发性较高的试样，适于用气相色谱法。液相色谱法适用于分离相对分子质量为 200~2000 的试样。在选择液相色谱的类型前，应先判断试样中是否含有高相对分子质量的聚合物、蛋白质等化合物，以及了解相对分子质量的分布情况。同时，应了解各种类型液相色谱的特点和试样在各种溶剂中的溶解情况，更有利于液相色谱的选择。

3. 高效液相色谱的分析方法

① 定性分析。直接将标准物质加入到样品中，如果未知物的色谱峰增高且在改变色谱柱或改变流动相组成后，仍能使该色谱峰增高，则可基本认定为该物质。

② 定量分析。高效液相色谱的定量分析方法与气相色谱类似，常用的定量分析方法有外标法和内标法。外标法是以被测化合物的纯品或已知其含量的标样作为标准品，配成一定浓度的标准系列溶液，注入色谱仪，得到的响应值（峰高或峰面积）与进样量在一定范围内成正比。用标样浓度对响应值绘制标准曲线或计算回归方程，然后用被测物的响应值求出被测物的量。内标法是在样品中加入一定量的某一物质作为内标进行的色谱分析，被测物的响应值与内标物的响应值之比是恒定的，此比值不随进样体积或操作期间所配制的溶液浓度的变化而变化，因此可得到较准确的分析结果。具体分析过程可见"气相色谱定性定量分析方法"。

4. 高效液相色谱使用注意事项

① 高效液相色谱分析均应使用 HPLC 级纯度的溶剂，其他溶剂可能会由于杂质的存在而出现未知峰。但甲醇、乙腈等使用前最好经硅胶柱净化，去除具有紫外吸收的杂质。要保证配制流动相用水的纯度足够高。由于去离子水通常含有一些有机物，所以不适合用于 HPLC 分析用，最好使用超纯水。

② 所有的流动相在进入 HPLC 系统之前都应该首先脱气（即使仪器上有在线脱气），因为没有脱气的流动相进入到高压系统后，存在的气泡会导致系统的流速和压力不稳定，出现

未知峰等问题。

③ 做好样品纯化，最大限度减少柱的污染。注射样品中含有微粒杂质，最有可能堵塞色谱柱入口，降低柱寿命，故要在注样前，将样品过滤或离心。强吸附性的样品组分吸附在柱头填料上，会严重地缩短色谱柱寿命，因此，可在色谱柱前加一保护柱，能够有效减少强吸附组分的污染。

（三）质谱分析技术（MS）

1. 质谱仪的结构及工作原理

质谱分析法是通过测定待测样品离子的质荷比（mass-to-charge ratio）来进行分析的方法。质谱仪由离子源、分析器和收集器三部分组成。样品先在气体放电管内被加热形成离子，之后样品离子通过几道狭缝进行速度筛选。通过最后一道狭缝的离子均具有恒定的速度。具有恒定速度的离子进入分析器后受到外加磁场的作用，它们将做圆周运动。由于各种同位素离子的质量不同，它们将循着不同的路径到达收集器。用照相底板拍摄下这些轨迹，分析底板上各种同位素离子的位置和强度，可求得它们的质量和相对丰度。

根据质谱图，可对纯化合物提供以下信息：相对分子质量；分子式；通过裂解的质谱图可以提供各种功能基团存在或不存在的信息；与已知化合物的谱图进行比较，确认该化合物。

2. 气相色谱-质谱联用（GC/MS）

气相色谱-质谱联用技术是基于色谱和质谱技术的基础上，充分利用气相色谱对复杂有机化合物的高效分离能力和质谱对化合物的准确鉴定能力进行定性和定量分析的一门技术。在GC/MS 中气相色谱是质谱的预处理器，而质谱是气相色谱的检测器。两者的联用不仅仅获得了气相色谱中保留时间、强度信息，还有质谱中质荷比和强度信息。同时，计算机的发展提高了仪器的各种性能，如运行时间、数据收集处理、定性定量、谱库检索及故障诊断等。因此，GC/MS 联用技术的分析方法不但能使样品的分离、鉴定和定量一次快速地完成，还对于批量物质的整体和动态分析起到了很大的促进作用。

GC/MS 系统由气相色谱单元、质谱单元、计算机系统和接口四大件组成（如图 1-24 所示），其中气相色谱单元一般由载气控制系统、进样系统、色谱柱与控温系统组成；质谱单元由离子源、离子质量分析器及其扫描部件、离子检测器和真空系统组成；接口是样品组分的传输线以及气相色谱单元、质谱单元工作流量或气压的匹配器；计算机系统不仅用作数据采集、存储、处理、检索和仪器的自动控制，而且还拓宽了质谱仪的性能。

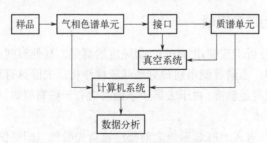

图 1-24　气相色谱-质谱联用系统组成

3. 气相色谱-质谱定性分析

气质联用技术可以在有标准品的情况下根据色谱的保留时间定性，与普通气相色谱的定性方法相同，即在色谱图中首先选定目标化合物的色谱峰，然后调出质谱图库进行比对，确定待测组分可能的结构及其他相关信息。

如果能够获得较纯的试样，可以不经过气相色谱分离而直接进行质谱分析，即采用直接进样模式进样。将试样盛入专用试样管后，放入质谱的直接进样杆，设定升温程序，使试样组分按沸点由低依次气化，直接进入质谱进行分析。直接进样分析也可以选择全离子扫描或选择性离子扫描，所得到的图谱也称质谱图。

在气质联用中，良好的分离是定性的基础，得到正确的质谱图是质谱定性准确的前提。质谱图不可靠则质谱图库检索匹配率低，增加质谱图解析的难度。对于未知化合物的结构鉴定，气质联用只能提供关于化合物结构特征的部分信息。质谱库的检索结果一般是提供几个可能的化合物结构、名称、相对分子质量、分子式等信息，并依照匹配程度的大小列出以供参考。待测物质结构的最终确证必须结合其他手段，如核磁共振、全合成等。

4. 气相色谱-质谱定量分析

气质联用技术在定量方面具有一定优势，即可以在色谱峰分离不完全的情况下，采用选择性离子扫描，利用其各自特征离子保留时间的差异，根据化合物特征离子的峰面积或峰高与相应待测组分含量的比例关系，对其中的化合物分别进行定量。而且选择性离子流色谱图相对不易受干扰，定量结果更可靠。在用质谱进行定量前，应首先根据其保留时间和质谱图确认目标化合物的特征离子，以免产生假阳性。

定量的操作方法是，先选定目标色谱峰，选取该峰附近两侧的基线噪声作为本底干扰予以扣除，然后对峰面积进行积分或计算峰高，然后换算成待测组分的浓度。由于质谱灵敏度较好，常用的换算方法是总离子流色谱图峰面积归一化法，对于成分复杂的待测物，应考虑使用校正曲线法，以排除未完全分离的峰中非目标组分的干扰。

同位素标记内标法是将稳定性同位素（如 ^2H，^{13}C，^{15}N）标记到待测组分和内标物中的内标校正曲线法，具有很高的灵敏度和专属性。同位素标记内标法是气质联用技术独有的技术，不适用于除质谱以外的其他色谱检测器。

5. 质谱使用注意事项

（1）仪器中间状态检查

仪器状态直接影响到分析物的检测限、定性与定量，除了按照规定的周期进行计量检定外，还应该定期进行期间核查，根据仪器使用情况可每季度或每月核查一次。气质联用仪期间核查的内容可包括：仪器检测限（灵敏度）、分析物保留时间的重复性（稳定性）、数据的精密度、线性范围等几个方面。可通过系列浓度的有证标准物质溶液重复进样进行验证，质谱部分还可通过观察校正气全氟三丁胺（FC-43）的特征离子是否正常，确认仪器是否需要校正。通过核查证明仪器状态良好时才能进行样品分析。

（2）进样操作时的注意事项

气相用定容试剂一般分子量小，易挥发，所以在整个进样过程中，为充分保证分析结果的准确可靠，应尽可能避免溶剂挥发，确保被分析的样品溶液浓度不变。一要保证室温尽可能恒定，使标准品溶液系列和样品溶液系列在同样的条件下被分析测定；二是自动进样时，瓶盖垫一次性使用，用过的瓶盖垫易造成定容试剂的挥发而使待测物浓度升高，且待测物浓度越高的样品误差也越大。

（四）有机元素分析仪

1. 有机元素分析仪的结构及工作原理

有机元素分析仪是基于色谱原理设计，能同时或单独实现样品中几种元素的分析的仪器，由超微量电子天平、炉体部分（包括自动进样装置、燃烧管和还原管）、热导池和计算机四部分组成。在复合催化剂的作用下，样品经高温氧化燃烧生成氮气、氮的氧化物、二氧化碳、二氧化硫和水，并在载气的推动下，进入色谱柱进行分离，每种气体一步一步地稳定分离出来，后面分离出来的气体总是随着前面已经分离出来的气体同时流经检测器，由于热导检测池（TCD）检测器的近似可叠加性，因此信号呈阶梯形状，刚检测到的信号减去前面一种的信号即为现在正被检测气体的真正信号。有机元素分析仪方法有着准确度高、精密度好、前处理简单等优点，反应后再由软件根据产生的气体量计算出初始样品重量的百分比，最后得到 CHNS 的含量结果报告。有机元素分析仪单次测试时间仅需要几分钟左右，其测试模式通常可分为 CHNS、CHN 和 O 模式三种。

CHNS/CHN 模式是样品在 1150℃、纯氧氛围的氧化管中完全燃烧产生 CO_2、H_2O、NO_x、SO_2、SO_3 等气体，随后该混合气在还原管（850℃、还原铜）中进一步还原为 CO_2、H_2O、N_2、SO_2 等气体经过吸附-解吸柱（程序升温解析）分离后通过色谱柱进行分离后热导检测，得到 C、H、N、S 元素含量，如图 1-25 所示。其中程序升温解析（TPD）是在接近室温的条件下，CO_2，H_2O 和 SO_2 等气体会被吸附，而 N_2 会畅通无阻地直接被热导检测池（TCD）检测到。氮峰检测之后，CO_2、H_2O 和 SO_2 等气体分别在吸附柱温度升至 60℃、140℃和 220℃时先后被解吸附并被 TCD 检测，并进行信号处理和在主机内进行谱图的积分参数处理和有机元素含量计算。

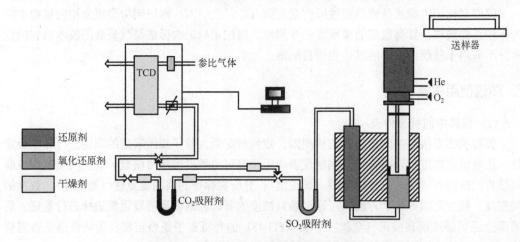

图 1-25　有机元素分析测试反应机理图

O 模式是指在 1150℃、H_2/He 混合气中将样品裂解，随后经炭粉还原转化为 CO，并由热导检测池检测得到 O 元素含量。

2. 有机元素分析仪的操作要求

(1) 各操作模式测试条件

根据样品属性及所需测试元素种类，从 CHNS、CHN 和 O 三种模式中选择不同的操作模式进行测试；各操作模式测试条件及实验要求均存在一定差异，具体如表 1-7 所示。

表 1-7　各操作模式测试条件

测试模式	氧化管温度	还原罐温度	标样	氧化剂	还原剂
CHNS 模式	1150℃	850℃	氨基苯磺酸	WO_3	铜
CHN 模式	950℃	500℃	乙酰苯胺	WO_3	铜
O 模式	1150℃	—	苯甲酸	炭黑	—

(2) 样品要求

通常以粉末、块体测试为主，但是也可以是非水溶剂的液体样品，但样品的熔程、沸程必须在允许范围内；粉末样品一般需要 30mg 以上，块体样品尺寸要求小于 2mm×2mm，溶液样品需要提供 2ml。所有测试样品均要求不能含有水、金属、Si、P 和卤素等元素，会导致测试结果产生误差的同时也会对仪器有损伤。强酸、碱或能引发爆炸性的样品（如汽油、柴油、炸药以及部分硝化棉等）禁止使用有机元素分析测试。

(3) 仪器使用注意事项

装填反应管时，使用通风橱、防护玻璃罩、橡皮手套和穿好工作服，接触试剂后，彻底洗净手和脸。

更换燃烧管和还原管时，一定关掉炉子，等它冷却至室温。

还原管处于室温时，绝不能进行测定，除非关掉氧阀。

开气瓶时，先把低压表关死，打开总阀后，再把低压表调节到适当数值，以免冲坏低压表。

氧分析用的脱附管拆下后需密封，所有开封的试剂必须放入干燥器中。

使用自动天平加上样品称样及取下样品时，请升起支托托住托盘。

第四节　实验数据分析与处理

一、实验参数（物性）分析

实验研究的目的是希望通过实验数据获得可靠、有价值的实验结果。而实验结果的可靠性和准确性，不能只凭主观臆断，必须用科学方法进行分析归纳。为了得到合理的结果，要求实验工作者能正确运用误差的概念，对所得数据进行误差计算，正确表达所得参数的可靠程度。

(一)测量参数中的误差

1. 系统误差

系统误差又叫规律误差。它是在一定的测量条件下，对同一个被测参数进行多次重复测量时，误差值的大小和符号（正值或负值）保持不变；或者在条件变化时，按一定规律变化的误差。

系统误差的来源有以下方面。

① 仪器误差。这是由于仪器本身的缺陷或没有按规定条件使用仪器而造成的。如仪器的零点不准，仪器未调整好，外界环境（光线、温度、湿度、电磁场等）对测量仪器的影响等所产生的误差。

② 理论误差（方法误差）。这是由于测量所依据的理论公式本身的近似性，或实验条件不能达到理论公式所规定的要求，或者是实验方法本身不完善所带来的误差。例如，热学实验中没有考虑散热所导致的热量损失，伏安法测电阻时没有考虑电表内阻对实验结果的影响等。

③ 个人误差。这是由于观测者个人感官和运动器官的反应或习惯不同而产生的误差，它因人而异，并与观测者当时的精神状态有关。

系统误差是恒差，因此，多次测量求平均值并不能消除系统误差。通常采用几种不同的实验技术，或采用不同的实验方法，或改变实验条件、调节仪器、提高试剂的纯度等以确定系统误差是否存在，然后设法消除或使之减少，以提高测量的准确度。

2. 随机误差

随机误差也称为偶然误差和不定误差，是由于在测定过程中一系列有关因素微小的随机波动而形成的具有相互抵偿性的误差。随机误差的特点是大小和方向都不固定，也无法测量或校正。例如，温度、湿度或气压的微小波动，仪器性能的微小变化，对几份试样处理时的微小差别，都可能带来误差。

（1）随机误差的表示

随机误差的性质是随着测定次数的增加，正负误差可以相互抵偿，误差的平均值将逐渐趋向于零。在工业催化实验中，常用的平均值有下列几种。

① 算术平均值。算术平均值 $\bar{x}$ 的计算公式为

$$\bar{x} = \frac{x_1 + x_2 + \cdots + x_n}{n} = \frac{\sum_{i=1}^{n} x_i}{n}$$

在工业催化实验和科学研究中，测量的数据一般呈正态分布，常采用算术平均值 $\bar{x}$ 代替真值。

② 均方根平均值。均方根平均值 $\bar{x}_{RMS}$ 的计算公式为：

$$\bar{x}_{RMS} = \sqrt{\frac{x_1^2 + x_2^2 + \cdots + x_n^2}{n}} = \sqrt{\frac{\sum_{i=1}^{n} x_i^2}{n}}$$

均方根平均值主要用于计算气体分子的动能。

③ 几何平均值。几何平均值 $\bar{x}_G$ 的计算公式为

$$\bar{x}_G = \sqrt[n]{x_1 x_2 \cdots x_n}$$

如以对数形式表示，则为

$$\lg \overline{x}_G = \frac{\sum\limits_{i=1}^{n} \lg x_i}{n}$$

当一组测量数据取对数后，所得数据的分布曲线对称时，常用几何平均值。几何平均值常小于算术平均值。

④ 对数平均值。设有两个测量值 x_1 和 x_2，其对数平均值 $\overline{x}_L$ 的计算公式为

$$x_L = \frac{x_1 - x_2}{\ln x_1 - \ln x_2} = \frac{x_1 - x_2}{\ln \dfrac{x_1}{x_2}}$$

当测量数据的分布曲线具有对数特性时，常采用对数平均值。对数平均值总小于算术平均值。

（2）随机误差的正态分布

正态分布，又称高斯分布，它的数学表达式即正态分布函数式为：

$$y = \frac{1}{\sqrt{2\pi}\sigma} \exp\left(-\frac{x_i^2}{2\sigma^2}\right)$$

式中，y 表明测定次数趋于无限时，测定值 x_i 出现的概率密度。若以 x 值表示横坐标，y 值表示纵坐标，就得到测定值的正态分布曲线。

正态分布曲线具有以下特点。

① 对称性。绝对值大小相等的正负误差出现的概率几乎相等，正态分布曲线以 y 轴对称。

② 单峰性。绝对值小的误差出现的机会大，而绝对值大的误差则出现的机会比较少。

③ 有界性。一般认为，误差的绝对值大于 $\pm 3\sigma$ 的测定值并非是由随机误差所引起的。也就是说，随机误差的分布具有有限的范围，其值大小是有界的。因此，如果多次重复测量中个别数据的误差绝对值大于 $\pm 3\sigma$，则这个误差值可以舍弃，这种判断方式称为 μ 检验。

3. 过失误差

由于实验者的粗心，如标度看错、记录写错、计算错误所引起的误差，称为过失误差。这类误差无规则可循，必须要求实验者处处细心，才能避免。

（二）测量参数的精密度与准确度

在一定条件下对某个量进行 n 次测量，所得的结果为 x_1，x_2，…，x_n。单次测量值 x_1 与算术平均值 $\overline{x}$ 的偏差程度称为测量的精密度，它表示各个测量值相互接近的程度。精密度的表示方法有以下几种。

① 用平均误差 α 表示

$$\alpha = \frac{1}{n}\sum_{i=1}^{n} |x_i - \overline{x}|$$

② 用标准误差 σ 表示

$$\sigma = \sqrt{\frac{\sum\limits_{i=1}^{n}(x_i - \overline{x})^2}{n-1}}$$

③ 用或然误差 ρ 表示

$$\rho = 0.675\sigma$$

上述三种方式都可以用来表示测量值的精度，但在数值上略有不同，它们之间的关系是：

$$\rho : \alpha : \sigma \approx 0.675 : 0.798 : 1.00$$

平均误差的优点是计算方便，但不能确定 x_1 对于 $\bar{x}$ 是偏高还是偏低，可能会掩盖住不好的测试数据。在近代科学研究中，多采用标准误差，其测量结果的精度常用 $(\bar{x} \pm \sigma)$ 或 $(\bar{x} \pm \alpha)$ 来表示，σ 或 α 的值越小，表示测量精度越好。

④ 用相对误差 $\sigma_{相对}$ 表示

$$\sigma_{相对} = \frac{\sigma}{\bar{x}} \times 100\%$$

表 1-8 为某溶液中示踪剂的电信号，请根据此计算平均值、平均误差和标准误差。

算术平均值=0.7587

平均误差=0.0124

标准误差=0.0170

其测定结果为 0.7587±0.0124

表 1-8　某溶液中示踪剂的电信号

t/s	V/mV	$x_1 - \bar{x}$	$(x_1 - \bar{x})^2$
1	0.7630	0.0043	0.00001849
2	0.7590	0.0003	0.00000009
3	0.7460	−0.0127	0.00016129
4	0.7520	−0.0067	0.00004489
5	0.7210	−0.0377	0.00142129
6	0.7540	−0.0047	0.00002209
7	0.7790	0.0203	0.00041209
8	0.7740	0.0153	0.00023409
9	0.7750	0.0163	0.00026569
10	0.7640	0.0053	0.00002809
	$\bar{x} = 0.7587$	$\sum \lvert x_1 - \bar{x} \rvert = 0.1236$	$\sum (x_1 - \bar{x})^2 = 0.00260810$

在定义上，测量准确度和精确度是有区别的。准确度是指测量值偏离真值的程度；而精确度是指偏离平均值的程度。

测量准确度的定义为

$$b = \frac{1}{n} \sum_{i=1}^{n} \lvert x_i - \bar{x}_{真} \rvert$$

式中　n——测试次数；

x_i——第 i 次的测量值；

$\bar{x}_{真}$——真值的平均值。

严格上讲，真值是某量的客观实际值。一般情况下，绝对的真值是未知的，只能用相对真值 $x_{标}$ 来代替 $x_{真}$。相对的真值 $x_{标}$ 通常有三种：标准器真值、统计真值和引用真值。

标准器真值，就是用高一级标准器作为低一级标准器或普通仪器的相对真值，但要求前者的精度必须是后者精度 5 倍以上。

统计真值，就是用多次重复实验测量值的平均值作为真值。重复实验次数越多，统计真值越趋近实际真值。

引用真值，就是引用文献或手册上那些被前人的实验所证实并得到公认的数据作为真值。

这时，测量的准确度可以近似地表示为

$$b = \frac{1}{n}\sum_{i=1}^{n}|x_i - \overline{x}_{标}|$$

必须指出，精密度很好的测量，其准确度不一定很好，但要得到高准确度必须有高精密度的测量来保证。例如，测试得到的三组数据如图 1-26 所示。从图中可以看出，图 1-26（a）精密度和准确度都很高；图 1-26（b）精密度很好，但准确度却不高；图 1-26（c）表示精密度和准确度都不好。在实验过程中，不能只满足于实验数据的重现性，而忽略了测量值的准确度。

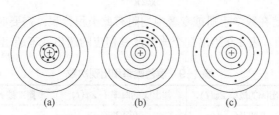

(a)　　　　　(b)　　　　　(c)

图 1-26　精密度与准确度的关系

（三）提高测量参数精密度与准确度的途径

1. 尽量消除或减小可能引进的系统误差

首先应判断测量结果是否存在系统误差。一般可采用以下的方法：

当测量次数 $n \geq 15$ 时，若 $|\overline{x} - x_{标}| > 1.73\alpha$，此时测量精密度也可能符合要求，但是测量的准确度差，说明测量过程中存在系统误差。

系统误差产生的原因如前所述，应该寻找具体原因采取措施加以消除。譬如，提高试剂的纯度；改进方法；进行对照实验或空白实验；选用合适的仪器等。选用的仪器的精度不能低于实验要求，但是不必过分追求精度。

2. 增加平行实验次数减少偶然误差

在消除系统误差的前提下，平行测试的次数越多，则测量值的算术平均值越接近真实值。因此，常借助增加测试次数的方法来减小偶然误差以提高测试结果的准确度。通常在定量分析的实验中，平行测定 2~4 次即可。当分析结果的精密度要求较高时，则可适当地增加测试次数（通常为 10 次左右）。但是，一味地增加测试次数，不仅费时费力，而且效果并不显著。因此，在实际工作中应当权衡利弊予以取舍。

（四）测量参数值的分析与取舍

在一组测量数据中，常发现某个测量值明显比其他值大得多或小得多。对于这个测定值首先必须探寻其出现的原因。在判断其是否合理之前既不能轻易保留，也不能随意舍弃，可以借助统计检验对可疑数据进行甄别。

1. 3σ 原则

由概率积分可知，随机误差正态分布曲线下的全部积分，相当于全部误差同时出现的概率，即，

$$p = \frac{1}{\sqrt{2\pi}\sigma} \int_{-\infty}^{\infty} e^{-\frac{x^2}{2\sigma^2}} dx = 1$$

若误差 x 以标准误差 σ 的倍数表示，即 $x=t\sigma$，则在 $\pm t\sigma$ 范围内出现的概率为 $2\varphi(t)$，超出这个范围的概率为 $1-2\varphi(t)$。$\varphi(t)$ 称为概率函数，表示为

$$\varphi(t) = \frac{1}{\sqrt{2\pi}} \int_0^t e^{-\frac{t^2}{2}} dt$$

$2\varphi(t)$ 与 t 的对应值在数学手册或专著中均附有此类积分表，需要时可自行取用。在使用积分表时，需已知 t 值。表 1-9 给出几个典型及其相应的超出或不超出 $|x|$ 的概率。

表 1-9　误差概率和出现次数

t	$\|x\|=t\sigma$	不超出 $\|x\|$ 的概率 $2\varphi(t)$	超出 $\|x\|$ 的概率 $1-2\varphi(t)$	测量次数 n	超出 $\|x\|$ 的测量次数
0.67	0.67σ	0.49714	0.50286	2	11
1	1σ	0.68269	0.31731	3	1
2	2σ	0.95450	0.04550	22	1
3	3σ	0.99730	0.00270	370	1
4	4σ	0.99991	0.00009	11111	1

如表 1-9 所示，当 $t=3$，$|x|=3\sigma$ 时，在 370 次观测中只有一次测量的误差超过 3σ 范围。在有限次的观测中，一般测量次数不超过 10 次，可以认为误差大于 3σ，可能是由于过失误差或实验条件变化未被发觉等原因引起的。因此，凡是误差大于 3σ 的数据点予以舍弃。这种判断可疑实验数据的原则称为 3σ 准则。

对于小样本的测定情况，σ 值未知，不能应用 3σ 准则，可用下面介绍的 Q 检验法决定数据取舍。

2. Q 检验法

$$|Q| = \left| \frac{x_i - \bar{x}}{x_{\max} - x_{\min}} \right|$$

式中 $x_{\max}$、$x_{\min}$、$\bar{x}$ 分别为一组测定值中的最大值、最小值及平均值。

有一组测定值 $x_1, x_2, \cdots, x_n$，其中某个测定值与平均值有较大的偏离，利用上式计算 Q 值，以 $|Q|$ 值与 Q_e 值比较，当 $|Q| \geqslant |Q_e|$ 值，怀疑值 x_1 应舍弃。Q_e 根据测定次数 n 由表 1-10 查得。

表 1-10　Q 临界值

n	2	3	4	5	6	7	8	9	10
Q_e	—	0.94	0.76	0.64	0.56	0.51	0.47	0.44	0.41

此法适用于只有一个怀疑值。如果怀疑值多于一个，则说明此组数据离散。

如果在小样本测定中只有一个测定值相当离散，用 Q 检验法又没有被排除，此时可用中间值代替平均值，重新计算 Q 值。

二、数据处理

在整个实验过程中，实验数据处理是一个重要的环节。其目的是将实验中获得的大量数据整理成各变量之间的定量关系，以便进一步分析实验现象，得出规律，指导生产和设计。人们一般认为实验数据处理是实验结束以后的工作，其实不然，对于一篇好的研究报告而言，数据处理的思想贯穿于整个实验过程。在设计实验方案时，除了实验流程安排、安装设计和仪表选择之外，实验数据处理方法的选择也是一项重要的工作。它直接影响实验结果的质量和实验工作量的大小。因此，它在实验过程中的作用应该引起充分的重视。在工业催化实验中，常用的数据处理方法有列表法、图解法和方程法。

（一）测量参数的读数与记录

① 须先拟好记录表格，写明参数项目、单位、序号、实验装置台号，反复检查有无遗漏。每项读数单位必须统一，中途变更必须特别注明，每项读数的单位应在名称栏中注明，不要和数据写在一起。

② 设备运转正常、稳定后才能读取数据。当变更条件后，各项参数达到稳定需要一段时间，因此要等其稳定后方可读数，否则可能造成实验结果不合逻辑。

③ 同一条件下不同的参数最好是几个人同时读取。一个人读几个数据时应尽可能快捷，记录数据时最好同时记录时间。

④ 每次读数都应与其他有关数据及前一组数据对照，看相互关系是否合理。如不合理应及时查找原因，确认是现象反常还是读错了仪表，并在记录表中注明。

⑤ 有些实验的某一参数粗看似乎是常数（如温度等），但从整个过程看可能有较明显的差别，必须各点记录。如果只记实验开始或结束时的数据，就会造成实验结果的偏差。

⑥ 读取数据必须充分利用仪表的精度，读至仪表最小分度的下一位数，这位数为估计值。例如，压力表最小分度为 0.01MPa，当压力表指针位于 0.236MPa 处不应记为 0.24MPa；指针恰好在 0.24MPa 处时应记为 0.240MPa。注意，过多地取估计值的位数是没有意义的。

（二）实验数据的列表法

列表法就是将实验中测量的数据、计算过程数据和最终结果等以一定的形式和顺序列成表格。列表法的优点是结构紧凑、条目清晰，可以简明地表示出有关物理量之间的对应关系，便于分析比较、便于随时检查错误，易于寻找物理量之间的相互关系和变化规律。同时数据列表也是图示法、经验公式法的数值基础。

实验数据表一般分为：原始记录数据表、整理计算数据表及混合表。

① 原始记录数据表必须在实验前设计好，以清楚记录所有待测数据。

② 整理计算数据表应简明扼要，一般只表达主要物理量（参变量）的计算结果。

③ 如果所测量和计算的参数不多，可将原始数据表和数据整理表合在一起，这就是混合数据表。

设计实验数据表格时有如下注意事项。

① 表头列出物理量的名称、符号和计量单位。单位不宜混在数据之中。

② 要注意有效数字的位数，即记录的数字位数应与测量仪表的准确度相匹配，不可过多或过少；中间计算结果可以多保留几位有效数字，而最后结果一般保留 3 位或 4 位有效数字。

③ 数据记录符合标准和规范。例如，物理量的数据较大或较小时，要用科学记数法来表示；修改数据宜用单线将错误划掉，正确数据写于下方。

④ 为便于排版和引用，每一个数据表都应在表的上方写明表序号和表名称。表序号是按表出现的顺序来编号。表的出现在正文中应有所交代，同一个表尽量不跨页，必须跨页时在此页上要注上"续表"。

（三）实验数据的图形法

图形法就是在专用的坐标纸上将实验数据之间的对应关系描绘成图线。通过图线可直观、形象地将物理量之间的对应关系清楚地表示出来，它最能反映这些物理量之间的变化规律。而且图线具有完整连续性，通过内插、外延等方法可以找出它们之间对应的函数关系，求得经验公式，探求物理量之间的变化规律；通过作图还可以帮助我们发现测量中的失误、不足与"坏值"，从而指导进一步的实验和测量。

为了有效地反映物理量之间对应的函数关系，尽量避免偏差，作图应遵循以下规则。

① 选择合适的坐标纸。工业催化实验中常用的坐标纸有直角坐标纸、半对数坐标纸和对数坐标纸。

例如：对于方程 $y=ax^m$，直接在直角坐标纸上作图必定为一曲线，而在双对数坐标纸上为一直线。将 $y=ax^m$ 两边取对数，则有

$$\lg y = \lg a + m \lg x$$

令 $Y=\lg y$，$X=\lg x$，$A=\lg a$，则上式可写成

$$Y = A + mX$$

用 X、Y 在直角坐标纸上作图便可得到一条直线。直线斜率为

$$m = \frac{Y_2 - X_1}{X_2 - X_1} = \frac{\lg y_2 - \lg y_1}{\lg x_2 - \lg x_1}$$

直线截距 A 为直线在 $X=0$ 处纵轴上的读数，由 $a=\lg^{-1}A$ 可以求出 a 的数值。

② 确定合适的坐标分度。坐标分度的选择，要反映出实验数据的有效数字位数，即与被标数值精度一致，并要求方便易读。坐标分度值不一定要从零开始，使全幅图占满整个图纸更为合适。

③ 图线的拟合。图线要尽可能通过更多的实验点，或使曲线以外的点尽可能地位于曲线附近，并使曲线两侧的数据的点数大致相同。

④ 注释与说明。图必须有图名，以便于引用。不同线上的数据点可用△、○等不同符号表示，且必须在图上标明。

（四）实验数据的回归分析法

在实验研究中，除了用表格和图形描述变量的关系外，常常把实验数据整理成方程式，以描述过程或现象的自变量和因变量的关系，即建立过程的数学模型。回归分析法是目前在寻求实验数据的变量关系间的数学模型时，应用最广泛的一种数学方法，回归分析法与计算机相结合，已成为确定模型表达式最有效的手段之一。

1. 回归分析法的含义和内容

回归分析法是处理两种或两种以上变量之间相互关系的一种数理统计方法。用这种数学方法可以从大量观测的散点数据中寻找到能反映事物内部的一些统计规律，并可以按数学模型形式表达出来，故称它为回归方程式（回归模型）。

回归分析法按照涉及的自变量的多少，可分为一元回归分析法和多元回归分析法；按照自变量和因变量之间的关系类型，可分为线性回归分析法和非线性回归分析法。如果在回归分析法中，只包括一个自变量和一个因变量，且二者的关系可用一条直线近似表示，这种回归分析法称为一元线性回归分析法。如果回归分析法中包括两个或两个以上的自变量，且因变量和自变量之间是线性关系，则称为多元线性回归分析法。

回归分析法所包括的内容或可以解决的问题，概括起来有如下四个方面。

① 根据一组实测数据，选择合适的数学模型形式，选定适宜的回归分析法，解方程得到数学模型中的待定系数，从而得到回归方程式。

② 判明所得到的回归方程式的有效性。回归方程式是通过数理统计方法得到的，是种近似结果，必须对它的有效性作出定量检验。

③ 根据一个或几个变量的取值，预测或控制另一个变量的取值，并确定其准确度。

④ 进行因素分析。对于一个因变量受多个自变量（因素）的影响，则可以分清各自变量的主次，并分析各个自变量（因素）之间的相互关系。

2. 数学模型的建立方法

鉴于化学和化工是以实验研究为主的科学领域，很难由纯数学物理方法推导出确定的数学模型，而是采用半理论分析方法、纯经验方法和由实验曲线的形状确定相应的数学模型。

（1）半理论分析方法

由量纲分析法推出特征数关系式，是最常见的一种方法。用量纲分析法不需要首先导出现象的微分方程。或者，如果已经有了微分方程暂时还难以得出解析解，或者又不想用数值解时，也可以从中导出特征数关系式，然后由实验来确定其系数值。

（2）纯经验方法

根据各专业人员长期积累的经验，有时也可决定整理数据时应采用什么样的数学模型。例如，在费托合成反应中，常用经验公式去描述整个反应动力学过程，动力学模型包含有 CO 或 $CO+H_2$（合成气）的消耗速率模型、详细动力学模型及集总动力学模型等。其中，CO 消耗率模型采用的是 Langmuir-Hinshewood-Hougen-Watson（LHHW）型动力学方程表达式或经验的幂指数型关联式，这对于 CO 或合成气的消耗速率有着很好的预测效果。为了描述原料气的消耗，以及产物的详细或集总分布信息，采用的是详细动力学模型及集总动力学模型，这可以很好地用于预测原料气的消耗速率及产物的生成速率。

　　(3) 由实验曲线求经验公式

　　如果在整理实验数据时，对选择模型既无理论指导，又无经验可以借鉴，此时将实验数据先标绘在普通坐标纸上，得一直线或曲线。如果是直线，则根据初等数学，可知$y=a+bx$，其中a、b值可由直线的截距和斜率求得。如果不是直线，也就是说，y和x不是线性关系，则可将实验曲线和典型的函数曲线相对照，选择与实验曲线相似的典型曲线函数，然后通过回归分析确定所选函数的模型参数，并与实验数据的符合程度加以检验。

3. 一元线性回归

　　(1) 回归直线的求法

　　在取得两个变量的实验数据之后，在普通直角坐标纸上标出各个数据点，如果各点的分布近似于一条直线，则可考虑采用一元线性回归法求其表达式。

　　设给定 n 个实验点(x_1, y_1)，(x_2, y_2)，…，(x_n, y_n)，于是可以利用一条直线代表它们之间的关系

$$\hat{y} = a + bx$$

式中　　$\hat{y}$——由回归式算出的值，称为回归值；

　　　　a、b——回归系数。

　　对每一测量值 x_i 均可由上式求得一回归值$\hat{y}_i$。回归值$\hat{y}_i$与实际值 y_i 之差的绝对值$d_i = |y_i - \hat{y}_i| = |y_i - (a+bx)|$表明 y_i 与回归直线的偏离程度。两者偏离程度越小，说明直线与实验数据点拟合越好。$|y_i - \hat{y}_i|$值代表点(x_i, y_i)沿平行 y 轴方向到回归直线的距离。

设

$$Q = \sum_{i=1}^{n} d_i^2 = \sum_{i=1}^{n} [y_i - (a + bx_i)^2]$$

　　其中 x_i，y_i是已知值，故 Q 为 a 和 b 的函数，为使 Q 值达到最小，根据数学上极值原理，只需要将上式分别对 a 和 b 求偏导数，并令其等于零，即可求 a，b 之值，这就是最小二乘法的原理。即

$$\begin{cases} \dfrac{\partial Q}{\partial a} = -2\sum_{i=1}^{n}(y_i - a - bx) = 0 \\ \dfrac{\partial Q}{\partial b} = -2\sum_{i=1}^{n}(y_i - a - bx)x_i = 0 \end{cases}$$

　　由此可得到正规方程：

$$\begin{cases} a + \bar{x}b = \bar{y} \\ n\bar{x}a + (\sum_{i=1}^{n} x_i^2)b = \sum_{i=1}^{n} x_i y_i \end{cases}$$

　　式中 $\bar{x} = \dfrac{1}{n}\sum_{i=1}^{n} x_i$，$\bar{y} = \dfrac{1}{n}\sum_{i=1}^{n} y_i$

　　解正规方程，可得到回归式中的 a 和 b：

$$\begin{cases} b = \dfrac{\sum x_i y_i - n\bar{x}\bar{y}}{\sum x_i^2 - n(\bar{x})^2} \\ a = \bar{y} - b\bar{x} \end{cases}$$

可见，回归线性方程正好通过离散点的平均值 $(\overline{x}, \overline{y})$ ，为计算方便，令

$$\begin{cases} l_{xx} = \Sigma(x_i - \overline{x})^2 = \Sigma x_i^2 - n\overline{x}^2 = \Sigma x_i^2 - \frac{1}{n}(\Sigma x_i)^2 \\ l_{yy} = \Sigma(y_i - \overline{y})^2 = \Sigma y_i^2 - n\overline{y}^2 = \Sigma y_i^2 - \frac{1}{n}(\Sigma y_i)^2 \\ l_{xy} = \Sigma(x_i - \overline{x})(y_i - \overline{y}) = \Sigma x_i y_i - n\overline{xy} = \Sigma x_i y_i - \frac{1}{n}[(\Sigma x_i)(\Sigma y_i)] \end{cases}$$

可得

$$b = \frac{l_{xy}}{l_{xx}}$$

以上各式中 l_{xx}、l_{yy} 称为 x、y 的离差平方和，l_{xy} 为 x、y 的离差乘积和，若改换各自的单位，回归系数值会有所不同。

(2) 回归效果的检验

在以上求回归方程的计算过程中，并不需要事先假定两个变量之间一定有某种线性关系。因此，必须对回归效果进行检验。

① 离差、回归和剩余平方和及其自由度。实验值 y_i 与平均值 $\overline{y}$ 的差（$y_i - \overline{y}$）称为离差，n 次实验值 y_i 的离差平方和 $l_{yy} = \Sigma(y_i - \overline{y})^2$ 越大，说明 y_i 的数值变动越大。

$$l_{yy} = \Sigma(y_i - \hat{y}_i)^2 + \Sigma(\hat{y}_i - \overline{y})^2$$

由前可知

$$Q = \Sigma(y_i - \hat{y}_i)^2$$

令

$$U = \Sigma(\hat{y}_i - \overline{y})^2$$

则有

$$l_{yy} = Q + U$$

所谓自由度，简单地说，是指计算偏差平方和时，涉及独立平方和的数据个数。每一个平方和都有一个自由度与其对应；若变量是对平均值的偏差平方和，其自由度 f 是数据的个数 n 减 1，例如离差平方和。如果一个平方和是由几部分的平方和组成，则总自由度 $f_{总}$ 等于各部分平方和的自由度之和。因为总离差平方和在数值上可以分解为回归平方和 U 和剩余平方和 Q 两部分，故

$$f_{总} = f_U + f_Q$$

式中　$f_{总}$——总离差平方和 l_{yy} 的自由度，$f_{总}=n-1$，n 等于总的实验点数；

　　　f_U——回归平方和的自由度，f_U 等于自变量的个数 m；

　　　f_Q——剩余平方和的自由度，$f_Q=f_{总}-f_U=(n-1)-m$。

平方和除以对应的自由度后所得的值称为方差或均差。

回归方差

$$V_U = \frac{U}{f_U} = \frac{U}{m}$$

剩余方差

$$V_Q = \frac{Q}{f_Q}$$

剩余标准差

$$S = \sqrt{V_Q} = \sqrt{\frac{Q}{f_Q}}$$

S 越小，回归方程对实验点的拟合度越高，即回归方程的准确度越高。

② 实验数据的相关性。相关系数 r 是说明两个变量线性关系密切程度的一个数量性指标。其定义为

$$r = \frac{l_{xy}}{\sqrt{l_{xx}l_{yy}}}$$

$$r^2 = \frac{l_{xy}^2}{l_{xx}l_{yy}} = \left(\frac{l_{xy}}{l_{xx}}\right)^2 \frac{l_{xx}}{l_{yy}} = \frac{b^2 l_{xx}}{l_{yy}} = \frac{U}{l_{yy}} = 1 - \frac{Q}{l_{yy}}$$

由上式可看出，r^2 正好代表了回归平方和 U 与离差平方和 l_{yy} 的比值。

r 的几何意义可用图 1-27 说明。

$|r|=0$：此时 $l_{xy}=0$，回归直线的斜率 $b=0$，$U=0$，$Q=l_{yy}$，$\widehat{y_i}$ 不随 x_i 而变化。此时离散点的分布情况有两种情况：或是完全不规则，x、y 之间完全没有关系，如图 1-27（a）所示；或是 x、y 之间有某种特殊的非线性关系，如图 1-27（f）所示。

$0<|r|<1$：代表绝大多数情况，此时 x 与 y 存在一定线性关系。若 $l_{xy}>0$，则 $b>0$，且 $r>0$，离散点图的分布特点是 y 随 x 增大而增大，如图 1-27（b）所示，称 x 与 y 正相关。若 $l_{xy}<0$，则 $b<0$，且 $r<0$，y 随 x 增大而减小，如图 1-27（c）所示，称 x 与 y 负相关。r 的绝对值愈小，（U/l_{xy}）愈小，离散点距回归线愈远，愈分散；r 的绝对值愈接近于 1，离散点就愈靠近回归直线。

$|r|=1$：此时 $Q=0$，$U=l_{yy}$，即所有的点都落在回归线上，此时称 x 与 y 完全线性相关。当 $r=1$ 时，称完全正相关；当 $r=-1$ 时，称完全负相关，如图 1-27（d）、图 1-27（e）所示。

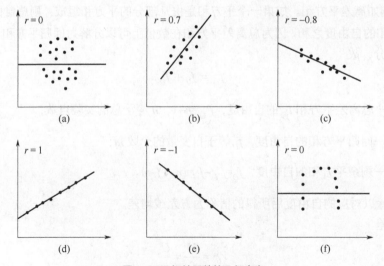

图 1-27　相关系数的几何意义

如上所述，相关系数 r 的绝对值越接近于 1，x、y 之间越线性相关，但究竟|r|与 1 接近到什么程度才能说明 x 与 y 之间存在线性相关关系呢？这就有必要对相关系数进行显著性检验。只有当|r|达到一定程度才可用回归直线来近似地表示 x、y 之间的关系。此时，可以说线性相关显著。一般来说，相关系数 r 达到使线性相关显著的值与实验数据点的个数 n 有关。因此，只有|r|>r_{min} 时，才能采用线性回归方程来描述其变量之间的关系。r_{min} 值可见附录（相关系数检验表）。利用该表可根据实验数据点个数 n 及显著性水平 α 查出相应的 r_{min}。一般可取显著性水平 $\alpha=1\%$ 或 5%。

③ 回归方程的方差分析。方差分析是检验线性回归效果好坏的另一种方法。通常采用 F 检验法，因此要计算统计量

$$F_计 = \frac{回归方差}{剩余方差} = \frac{U}{f_U} / \frac{Q}{f_Q} = \frac{V_U}{V_Q}$$

对一元线性回归的方差分析过程见表 1-11。由于 $f_U=1$，$f_Q=n-2$，则

$$F_计 = \frac{U}{1} / \frac{Q}{n-2}$$

然后将计算所得的 F 值与 F 分布数值表所列的值相比较。

表 1-11　一元线性回归的方差分析表

名称	平方和	自由度	方差	方差比 F
回归方差	$U = \sum(\hat{y_i} - \overline{y})^2$	$f_U = m = 1$	$V_U = U / m$	$F_计 = V_U / V_Q$
剩余方差	$Q = \sum(y_i - \hat{y_i})^2$	$f_Q = n-2$	$V_Q = Q / (n-2)$	
总计	$l_{yy} = \sum(y_i - \overline{y})^2$	$f_总 = n-1$		

F 分布表中有两个自由度 f_1 和 f_2，分别对应于 $F_计 = \frac{U}{1} / \frac{Q}{n-2}$ 中分子的自由度 f_U 与分母的自由度 f_Q。对于一元线性回归，$f_1=f_U=1$，$f_2=f_Q=n-2$。有时将分子自由度称为第一自由度，分母自由度称为第二自由度。

F 分布表中显著性水平 α 有 0.25、0.10、0.05、0.01 四种，一般宜先查找 $\alpha=0.01$ 时的最小值 $F_{0.01}(f_1, f_2)$，与由 $F_计 = \frac{U}{1} / \frac{Q}{n-2}$ 计算而得的方差比 $F_计$ 进行比较，若 $F_计 \geqslant F_{0.01}(f_1, f_2)$，则可认为回归高度显著（称在 0.01 水平上显著），于是可结束显著性检验；否则再查较大 α 值相应的 F 最小值，如 $F_{0.05}(f_1, f_2)$，与实验的方差比 $F_计$ 相比较，若 $F_{0.01}(f_1, f_2)>F_计 \geqslant F_{0.05}(f_1, f_2)$，则可认为回归在 0.05 水平上显著，于是显著性检验可告结束。依次类推。若 $F_计 < F_{0.25}(f_1, f_2)$，则可认为回归在 0.25 的水平上仍不显著，亦即 y 与 x 的线性关系很不密切。

对于任何一元线性回归问题，如果进行 F 检验后，就无需再作相关系数的显著性检验。因为两种检验是完全等价的，实质上说明同样的问题。

$$F = (n-2)\frac{U}{Q} = (n-2)\frac{U/l_{yy}}{Q/l_{yy}} = (n-2)\frac{r^2}{1-r^2}$$

根据上式，可由 F 值解出对应的相关系数 r 值，或由对应的 r 值求出相应的 F 值。

④ 根据回归方程预报 y 值的准确度。通过所求的一元线性回归方程，就可以用一个变量的取值来预报另一个变量的取值；通过对一元线性回归方程的方差分析，则又可以掌握该预

测值将会达到怎样的准确程度。

一般，实测数据的因变量和自变量之间并不存在确定的函数关系，因此将自变量固定于某一特定值 x_0，不能指望因变量也固定于某一特定的值，它必然受某些随机因素的影响。但无论如何，这种变化还是会遵循一定规律的。

一般来说，对于服从正态分布的变量，若 $x=x_0$ 为某一确定值，则其因变量 y 的取值也服从正态分布，它的平均值即为当 $x=x_0$ 时，回归方程的值 $y_0=a+bx_0$。y 的值是以 y_0 为中心而对称分布的。距离 y_0 越近，y 值出现的概率越大；距离 y_0 值越远，y 值出现的概率越小。一批测量值对于平均值的分散程度最好用标准误差 σ 来表示，差别仅在于求 σ 时自由度为 $n-1$，而求 s 时自由度为 $n-2$。即因变量 y 的标准误差 σ 可用剩余标准差 s 来估计：

$$s = \sqrt{\frac{Q}{f_Q}} = \sqrt{\frac{Q}{n-2}} = \sqrt{\frac{l_{yy} - bl_{xy}}{n-2}}$$

y 值出现的概率与剩余标准差之间存在以下关系，即被预测的 y 值落在 $y_0 \pm 2s$ 区间内的概率约为 95.4%，落在 $y_0 \pm 3s$ 区间内的概率约为 99.7%。由此可见，剩余标准差 s 越小，则利用回归方程预报的 y 值越准确。故 s 值的大小是预报准确度的标志。

以上分析 $x=x_0$ 的结论，对实验数据范围内的任何 x 值都成立。如果在平面图上作两条与回归直线平行的直线

$$\begin{cases} y' = a + bx + 2s \\ y'' = a + bx - 2s \end{cases}$$

则可以预料，对于所选取的 x 值，在全部可能出现的 y 值中，大约有 95.4%的点落在这两条直线之间。

由此可见，剩余标准差 s 是个非常重要的量。由于它的单位和 y 的单位一致，所以在实际中，便于比较和检验。因此一个回归能不能更切实地解决实际问题，只要将 s 与允许的偏差相比较即可。它是检验一个回归能否满足要求的重要标志。

4. 多元线性回归

(1) 多元线性回归的原理和一般求法

在大多数实际问题中，自变量的个数往往不止一个，而因变量是一个，这类问题称为多元线性回归问题。多元线性回归分析可以用最小二乘法建立正规方程，确定回归方程的常数项和回归系数。

设影响因变量 y 的自变量有 m 个：x_1，x_2，…，x_m，通过实验，得到下列 n 组观测数据

$$(x_{1i}, \ x_{2i}, \cdots, \ x_{mi}; \ y_i) \qquad i = 1 \sim n$$

由此得正规方程

$$\begin{cases} nb_0 + b_1 \Sigma x_{1i} + b_2 \Sigma x_{2i} + \cdots + b_m \Sigma x_{mi} = \Sigma y_i \\ b_0 \Sigma x_{1i} + b_1 \Sigma x_{1i}^2 + b_2 \Sigma x_{2i} x_{1i} + \cdots + b_m \Sigma x_{mi} x_{1i} = \Sigma y_i x_{1i} \\ b_0 \Sigma x_{2i} + b_1 \Sigma x_{1i} x_{2i} + b_2 \Sigma x_{2i}^2 + \cdots + b_m \Sigma x_{mi} x_{2i} = \Sigma y_i x_{2i} \\ \qquad\qquad\qquad\qquad\qquad \vdots \\ b_0 \Sigma x_{mi} + b_1 \Sigma x_{1i} x_{mi} + b_2 \Sigma x_{2i} x_{mi} + \cdots + b_m \Sigma x_{mi}^2 = \Sigma y_i x_{mi} \end{cases}$$

该方程组是一个有 $m+1$ 个未知数的线性方程组。经整理可得如下形式的正规方程：

$$\begin{cases} l_{11}b_1 + l_{12}b_2 + \cdots + l_{1m}b_m = l_{1y} \\ l_{21}b_1 + l_{22}b_2 + \cdots + l_{2m}b_m = l_{2y} \\ \vdots \\ l_{m1}b_1 + l_{m2}b_2 + \cdots + l_{mm}b_m = l_{my} \end{cases}$$

这样，将有 $m+1$ 个未知数的线性方程组化成了有 m 个未知数的线性方程组，从而简化了计算。解此方程组即可求得待求的回归系数 b_1，b_2，$\cdots$，b_m。回归系数 b_0 值由下式计算：

$$b_0 = \overline{y} - b_1\overline{x}_1 - b_2\overline{x}_2 \cdots - b_m\overline{x}_m$$

正规方程的系数的计算式如下：

$$\begin{cases} l_{11} = \Sigma(x_{1i} - \overline{x}_1)(x_{1i} - \overline{x}_1) = \Sigma x_{1i}^2 - \frac{1}{n}(\Sigma x_{1i})(\Sigma x_{1i}) = \Sigma x_{1i}^2 - \frac{1}{n}(\Sigma x_{1i})^2 \\ l_{12} = \Sigma(x_{1i} - \overline{x}_1)(x_{2i} - \overline{x}_2) = \Sigma x_{1i}x_{2i} - \frac{1}{n}(\Sigma x_{1i})(\Sigma x_{2i}) \\ \vdots \\ l_{1m} = \Sigma(x_{1i} - \overline{x}_1)(x_{mi} - \overline{x}_m) = \Sigma x_{1i}x_{mi} - \frac{1}{n}(\Sigma x_{1i})(\Sigma x_{mi}) \\ l_{21} = l_{12} \\ \vdots \\ l_{32} = l_{23} \\ l_{1y} = \Sigma(y_{1i} - \overline{y}_1)(x_{1i} - \overline{x}_1) = \Sigma x_{1i}y_i - \frac{1}{n}(\Sigma x_{1i})(\Sigma y_i) \\ l_{yy} = \Sigma(y_i - \overline{y})^2 = \Sigma y_i^2 - \frac{1}{n}(\Sigma y_i)^2 \end{cases}$$

以下面通式表示系数的计算式：

$$\begin{cases} l_{kj} = \Sigma(x_{ji} - \overline{x}_j)(x_{ki} - \overline{x}_k) = \Sigma x_{ji}x_{ki} - \frac{1}{n}(\Sigma x_{ji})(\Sigma x_{ki}) \\ l_{jy} = \Sigma(y_i - \overline{y})(x_{ji} - \overline{x}_j) = \Sigma x_{ji}y_i - \frac{1}{n}(\Sigma x_{ji})(\Sigma y_i) \end{cases}$$

式中　$i = 1,2,\cdots,n$；

　　$k = 1,2,\cdots,m$；

　　$j = 1,2,\cdots,m$；

n——数据的组数；

m——回归模型中自变量 x 的个数；正规方程组的行数和列数。

线性方程组的求解，可应用目前应用较多的高斯消除法。高斯消除法的本质是通过矩阵的行变化来消元，将方程组的系数矩阵变换为三角矩阵，从而达到求解的目的。

(2) 回归方程的显著性检验

① 方差分析。在多元线性回归中，常先假设 y 与 x_1，x_2，$\cdots$，x_m 之间有线性关系，因此对回归方程也必须进行方差分析。同一元线性回归的方差分析一样，可将其相应的计算结果，列入多元线性回归的方差分析表中，如表 1-12 所示。

同样，可以利用 F 值对回归式进行显著性检验，即通过 F 值对 y 与 x_1，x_2，$\cdots$，x_m 之间线性关系的显著性进行判断。在查 F 分布表时，把计算式中分子的自由度 $f_U = m$ 作为第一自

由度 f_1，分母的自由度 $f_Q = n-1-m$ 作为第二自由度 f_2。检验时，先查出 F 分布表中的几种显著性的数值，分别记为

表1-12 多元线性回归方差分析表

名称	平方和	自由度	方差	方差比 F
回归方差	$U = \Sigma(\widehat{y_i} - \overline{y})^2 = \Sigma_{j=1}^{m} b_j l_{jy}$	$f_U = m$	$V_U = U/f_U$	$F_{\text{计}} = V_U/V_Q$
剩余方差	$Q = \Sigma(y_i - \widehat{y_i})^2 = l_{yy} - U$	$f_Q = f_{\text{总}} - f_U = n-1-m$	$V_Q = Q/f_Q$	
总计	$l_{yy} = \Sigma(y_i - \overline{y})^2$	$f_{\text{总}} = n-1$		

$$F_{0.01}(m, n-m-1)$$
$$F_{0.05}(m, n-m-1)$$
$$F_{0.10}(m, n-m-1)$$
$$F_{0.25}(m, n-m-1)$$

然后将计算的 $F_{\text{计}}$ 值，同以上四个表中记载的 F 值相比较，判断因变量 y 与 m 个自变量 x_i 的线性关系密切程度。若

$F_{\text{计}} \geqslant F_{0.01}(m, n-m-1)$，在 0.01 水平上显著，记为 "4*"；

$F_{0.05}(m, n-m-1) \leqslant F_{\text{计}} \leqslant F_{0.01}(m, n-m-1)$，在 0.05 水平上显著，记为 "3*"；

$F_{0.10}(m, n-m-1) \leqslant F_{\text{计}} \leqslant F_{0.05}(m, n-m-1)$，在 0.10 水平上显著，记为 "2*"；

$F_{0.25}(m, n-m-1) \leqslant F_{\text{计}} \leqslant F_{0.10}(m, n-m-1)$，在 0.25 水平上显著，记为 "1*"；

$F_{\text{计}} < F_{0.25}(m, n-m-1)$，在 0.25 水平也不显著，记为 "0*"。

关于多元线性回归预报和控制 y 值的准确度问题，与一元线性回归相同，但在多元回归中，为准确控制 y 的取值，对自变量的取值可有更多的选择余地。

② 复相关系数。多元线性回归中也和一元的情况一样，回归结果的好坏，也可用 U 在总平方和 l_{xy} 中的比例来衡量，称 R 为复相关系数。

$$R = \sqrt{\frac{U}{l_{yy}}} = \sqrt{1 - \frac{Q}{l_{yy}}}$$

5. 非线性方程

在许多实际问题中，数学模型往往是较复杂的非线性函数。非线性函数的求解一般可分为将非线性变换成线性和不能变换成线性两大类。

(1) 能够线性化的回归

工程上很多非线性关系可以通过对变量作适当的变换转化为线性问题处理。其一般方法是对自变量与因变量作适当的变换，转化为线性的相关关系，即转化为线性方程，然后用线性回归来分析处理。

线性化处理。对于这类非线性函数，首先要进行函数变换，转化为线性关系。双曲线函数 $Y=1/y$，$X=1/x$，就可转变为直线方程 $Y=a+bX$。还有指数函数、幂函数、对数函数等都可以变换为一元线性方程。再如多项式 $y=b_0+b_1x+b_2x^2+\cdots+b_mx^m$，令 $Y=y$，$X=x$，$X_2=x^2$，$\cdots$，$X_m=x^m$，则可将多项式转化为多元线性方程 $y=b_0+b_1X_1+b_2X_2+\cdots+b_mX_m$。

线性回归。对变换后的一元或多元线性方程进行回归，确定出回归系数，然后写出线性变换前的表达式。

(2) 直接进行非线性回归

对于不能转化为线性方程的非线性函数模型，需要用非线性最小二乘法进行回归。非线性函数的一般形式为

$$y = f(x; \ B_1, B_2, \cdots, B_i) \qquad (i = 1, 2, \cdots, m)$$

x 可以是单个变量，也可以是 p 个变量，即 $x = (x_1, \ x_2, \cdots, x_p)$。一般的非线性问题在数值计算中通常是用逐次逼近的方法来处理，其实质就是逐次"线性化"，其具体解法可参阅有关专著。

第二章　固体催化剂性能评价与表征

第一节　催化剂活性测试的基本概念

催化剂制备合成之后，催化性能优劣需要进行性能评价。评价催化剂是指对适用于某一反应的催化剂进行较全面的考察。

理论上，实验室测定催化剂活性的条件应与催化剂的使用条件完全相同，由于经济性、便捷操作等原因，催化剂活性评价通常是在实验室内小规模地进行。在小规模装置上评价的催化剂活性，往往不能准确地估计大规模装置内的催化性能，需将两种规模下获得的数据加以关联。因此，催化剂活性评价必须了解催化反应器的性能，以便正确判断所测性能数据的意义。了解典型工业催化反应器的结构和操作特点，特别是工业催化器中催化剂的操作运行情况，对工业催化剂的开发具有指导意义。

催化剂活性测试是通过各种实验来进行完成的，就其所采用的装置和所获信息的完善程度而言也有很大差异。因而，需要提前明确催化剂活性测试的目的。常见的催化剂活性测试目的如下。

① 催化剂生产厂商或用户对催化剂进行常规质量控制检验。这种检验包括在标准化条件下，在特定催化剂上进行的反应。

② 对大量催化剂进行筛选，以便为特定反应确定一个评价催化剂的优劣参数。这种实验通常是在比较简单的实验条件下进行的，根据单个反应参数来进行确定。

③ 更详尽地比较几种催化剂。要在最接近于工业应用的条件下进行测试，以确定各种催化剂的最佳操作条件。

④ 研究特定的反应机理。这有助于提出合适的动力学模型，或为探索改进催化剂提供有价值的线索。

⑤ 研究特定催化剂上的反应动力学，包括失活或再生的动力学。这些信息是设计工业催化反应装置所必需的。

上述这些测试目标，有些是为开发新的催化剂，有些是为特定反应寻找催化剂所需的最佳使用条件，还有的是在现有催化剂的基础上加以改进，使改进后的催化剂具有更好的催化活性。

一、反应器类型

好的实验室反应器能够使反应床层内温度、浓度梯度降到最低，在传热影响不明显或可忽略的情况下真实地反映催化剂的性能优劣。根据催化反应器的特点，可将其分为不同类别。

（一）固定床反应器和流化床反应器

按照催化剂颗粒的流动状态，反应器分为固定床反应器和流化床反应器两类。

当流体反应物以较低的浓度穿过催化剂床层时，流体只穿过处于稳定状态的颗粒之间的空隙。流体通过床层的压力降 ΔP 与流体的线速度 u 成正比，且床层高度不发生变化，这种情况即为固定床反应器，如图 2-1 所示。

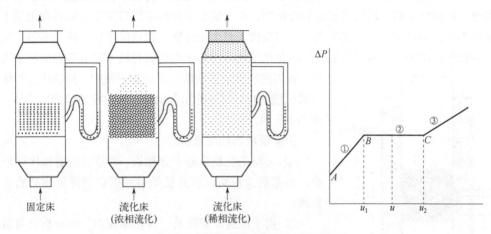

图 2-1 催化剂床层流体化的条件和情况

图 2-1 中 AB 对应的是固定床的 ΔP 与 u 的关系。

当流体的线速度增加（BC），催化剂颗粒相互分开而不接触，整个床层开始膨胀，流体穿过床层时，ΔP 不再随线速度增加而增大，床层处于流化状态并随线速度的增加不断膨胀，颗粒界面不断上移，但仍能保存明显的可视界面，此种情况为流化床阶段，又称浓相流化阶段。图 2-1 中 B 点对应的线速度下限 u_1 为开始流化的线速度。

当流体的线速度继续增大，达到或超过 C 点所对应的线速度上限时（即超过 u_2），流体已进入输送阶段，颗粒被流体带走，u_2 被称为带出速度。这种情况为稀相流化阶段。上述浓相流化阶段称为沸腾阶段。

催化剂床层所需下限流速，可通过一些公式由催化剂粒径、密度以及流体密度和黏度加以估算。粒径愈小、粒重愈轻，流体密度和黏度愈大，则流动所需流速下限愈小，愈易流化。一般用于流化床反应器的催化剂颗粒直径只有几微米，下限流速约为 0.1m/s。

固定床和流化床各有优劣，流化床中由于床层在翻腾，有利于控制床层温度，而在固定床中催化剂颗粒固定不动，传热不均匀，床层会出现热点；流化床中可以使用细小的催化剂颗粒，而固定床中为减少阻力（或压降）主要使用较大的催化剂颗粒；流化床中流体通过膨胀的床层，反应物同催化剂颗粒的接触不如在固定床中充分；流化床中流体的流动不是理想的列流，而是掺有不同程度的"回混"和"短路"，致使接触时间不易控制；此外，流化床中颗粒之间碰撞磨损严重，对催化剂的机械强度要求更高。

在工业上，固定床反应器的结构和形式变化多端，但比较典型的一种形式是列管式固定床反应器。在实验室内，一般用单根管子做成固定床反应器，用以测定催化剂性能沿床层的变化，求得适宜的温度、压力、流速以及经验动力学方程等，为工业放大奠定基础。这种实验一般称为单管实验。

（二）积分反应器和微分反应器

在实验室中，根据转化率可将反应器分为积分反应器和微分反应器。

1. 积分反应器

积分反应器即一般实验室常见的微型管式固定床反应器。在其中装填足量（一般数十至数百毫升）的催化剂，以达到较高的转化率。由于这类反应器中进口和出口物料在组成上有显著的不同，不可能用一个数学上的平均值代表整个反应器中物料的组成。这类实验室反应器，催化剂床层进出口两端的反应速率变化较大，沿催化剂床层有较大的温度梯度和浓度梯度。利用这种反应器获取的反应速率数据，只能代表转化率（或生成率）对时空的积分结果，因此称为积分反应器。如图 2-2 所示。

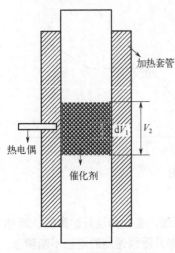

图 2-2　积分反应器示意图

积分反应器的优点是：

① 它与工业反应器十分相近，常常是后者按比例地缩小，对某些反应可以较方便地得到催化剂评价数据的直观结果。

② 由于床层一般较长，转化率较高，在分析上可以不要求特别高的精度。但由于热效应较大，因而难于维持反应床层各处温度的均一和恒定，特别是对于强放热反应更是如此。当所评价催化剂的热导率相差太大时，床层内的温度梯度更难确切设定，因而反应速率数据的可比性较差。在动力学研究中，积分反应器又可分为恒温积分反应器和绝热积分反应器两种。

恒温积分反应器，由于简单价廉，对过程分析精度要求不高，因而通常被优先考虑。为克服其难于保持恒温的缺点，曾设计了很多办法，用以保证动力学数据在整个床层均一测得的温度下取得。一是减小管径，使径向温度尽可能均匀；二是用各种恒温导热介质；三是用惰性物质（如石英砂）稀释催化剂。

管径减小对相间传热和颗粒间传热影响较大，是较关键的措施。管径过小会加剧沟流所致的边壁效应而使转化率偏小。但据许多研究者的实际经验，在管径为催化剂粒径 4 倍以上时，减小管径可改善恒温性。

对于导热介质，可用熔融金属（如铂-铅-锡合金）、熔盐、整块铝-铜合金或高温的流砂浴。熔融金属和熔盐在导热性方面是很好的，但可能存在安全问题。通过整块合金或流砂浴间接供热，是目前用的较多的方法。

对于强放热反应，有时需用惰性、大热容的固体粒子（如刚玉、石英砂）稀释催化剂，以免出现热点，并保持各部分恒温。例如，实验室使用石英砂作为稀释剂时需要进行处理，比如进行酸洗、碱洗移除影响反应的杂质。有人提出沿管长用非等比例稀释的方法，即在入口处加大稀释比，入口再往下，随转化加深，线性地递减稀释比，可使轴向温度梯度接近于零，而径向梯度亦近于可忽略。

作为评价装置，积分反应器有时也可使用变温固定床，如烃类水蒸气转化催化剂，测定500℃（入口）至800℃（出口）的累积转化率，这是它对工业一段转化炉变温固定床的模拟。

绝热积分反应器为直径均一、催化剂装填均匀、绝热良好的圆管反应器。向此反应器通入预热至一定温度的反应物料，并在轴向测出与反应热量和动力学规律相应的温度分布。但这种反应器数据采集和数学解析均比较困难。

2. 微分反应器

微分反应器与积分反应器的结构、形状相仿，只是催化剂床层往往更短、更细，催化剂的装填量更少，而且有较积分反应器低得多的转化率。

如通过催化剂床层的转化率很低，床层进口和出口物料的组成差别小得足以用其平均值来代表全床层的组成，然而又大到足够用某种分析方法确定进出口的浓度差时，即 $\Delta c/\Delta t$ 近似为 dc/dt，并等于反应速率 r，则可以从这种反应器求得 r 对分压、温度的微分数据。一般在这种单程流通的管式微分反应器中，转化率应在15%以下，个别允许达到10%，催化剂装填量为数十毫克至数百毫克。

微分反应器的优点是：第一，因转化率低、热效应小，易达到恒温要求，反应器中组成的浓度沿催化剂床层的变化很小，一般可以看作近似于恒定，故在整个催化剂床层内反应温度可以视为近似恒定，并且可以通过实验直接测得与确定温度相对应的反应速率；第二，反应器的构造也相当简单。

微分反应器也存在两个严重的问题：第一是所得数据常是初速，而又难以配出与该反应在高转化条件下生成物组成相同的物料作为微分反应器的进料。对此，有人在微分反应器前串联一个积分反应器，目的是专门供给高转化率的进料。第二是分析要求精度高。由于转化率低，需用准确而灵敏的方法分析，而若用较为落后的方法，就很难保证实验数据的重复性和准确性。这一困难，常常限制人们对微分反应器的选用。近年来，德国的研究者成功使用了各种超微型的实验室微分反应器，其前提是有高精度的色-质联用分析仪与之配套。又如国内实验室的热压釜式反应器，容积约为数百毫升，德国则用 5mL 釜，而其管式气-固相反应器，也较国内同类反应器的容积大大缩小。

总之，不论是积分反应器，还是微分反应器，其优点是装置比较简单，特别是积分反应器，可以得到较多反应产物，便于分析，可直接对比催化剂的活性，适合测定大批工业催化剂试样的活性，尤其适用于快速便捷的现场控制分析。然而积分反应器和微分反应器均不能完全避免在催化剂床层中存在速度、温度和浓度的梯度，致使所测数据的可靠性下降。

（三）静态反应器和动态反应器

根据物料运动方式，还可将反应器分为静态反应器和动态反应器。静态反应器采用间隙式操作，主要用于液相反应。动态反应器采用连续操作，反应器入口连续进入反应原料，反应器出口连续排出产物。从实验室角度看，动态反应器包括流动式反应器、脉冲式反应器和无梯度反应器。下面着重介绍一下实验室反应器中占有特殊地位的脉冲式反应器和无梯度反应器。

脉冲式反应器为固定床，每次用很少量的催化剂。操作时令某种惰性气体（He）或反应物之一连续流过催化剂床层，周期性地将反应物用针筒或进样阀引入载气流。这种反应器常用于催化剂筛选、测活性和选择性，也有用于动力学和机理研究的。由于是脉冲方式进样，因而反应气体在催化剂上的吸附、脱附行为与连续反应器内的行为有很大的区别。

常用的脉冲式反应器有两种类型，图 2-3 是其中之一，微型反应管连在色谱柱之前，反应物从反应管前注入后，由载气带入反应管，反应所得产物经后面的色谱柱分出，最后经检测器定性和定量分析。另一种脉冲式反应器没有单独的反应管，把催化剂直接装在色谱柱内，使色谱柱处于催化反应所需的条件（如温度、压力、催化剂量等）下，反应物在催化剂上反应后立即被分离（即反应分离），然后进入鉴定器进行分析。

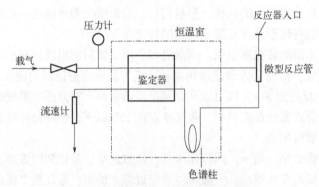

图 2-3　典型的脉冲反应器构造示意图

无梯度反应器的具体形式有循环反应器和搅拌反应器两种。这种反应器由于避免床层中可能存在的温度、浓度的梯度，故而使得到的数据准确性和重复性有很大的提升，所以该反应器适用于动力学研究。以下介绍流动循环方法实现的无梯度反应器。图 2-4 为两种类型的流动循环无梯度反应器。

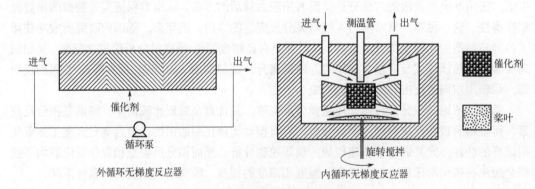

图 2-4　流动循环无梯度反应器

在流动循环无梯度反应器内，催化剂固定，反应气体以较高速率进行循环。反应后的物料大部分返回，小部分流出反应系统，返回的物料与补充的新鲜反应物混合后再进入催化剂床层进行反应。补充的新反应物与导出的反应物料之比足够大时，可使混合物料在床层的进出口浓度差较小，且由于反应量较小，反应产生的热效应也比较小，以致实际上可以认为催化剂床层中不存在浓度和温度梯度。

无梯度反应器是一种微分反应器，在等容情况下，此反应器内的速率可近似地表达为

$$v = \frac{F_v(C_\lambda - C_{\text{出}})}{V}$$

式中，F_v为体积流率，$C_入$和$C_出$分别为入口处反应物的浓度和出口处反应物的浓度，V为反应体积。

（四）评价时要注意的几个因素

① 要确保测定是在动力学区内进行，把催化剂床层内的温度梯度和浓度梯度降到最小。无梯度反应器可以满足这个要求。

应用流动法测定催化剂活性时，要考虑外扩散的阻滞作用。为了避免外扩散的影响，应当使气流处于湍流条件，要考虑层流会影响外扩散的速率。要确定外扩散是否存在影响可采用图 2-5 所示的实验方法，在反应管中先后放置不同质量的催化剂（W_1、W_2），然后在同一温度下改变流量（F_{AO}）（进料组成不变），测定其转化率（x_A），如两者的数据按照 x_A-W/F_{AO} 作图，良好地落在同一条曲线上（图 2-5），即表明这两种情况下，虽然有线速度的差别，但是不影响反应速率，因此可能已经不存在外扩散的影响；如果实验曲线分别落在不同曲线上，则表明还存在外扩散的影响；如在高流速区域，两者才一致，那么实验应该选择在这一流速区间进行，才能保证不受外扩散的影响。

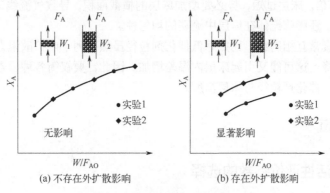

(a) 不存在外扩散影响　　　(b) 存在外扩散影响

图2-5　有无外扩散影响的实验方法Ⅰ

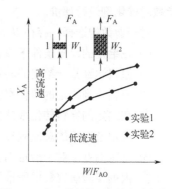

另一个检验法是同时改变催化剂的装填量和进料流量，但保持 W/F_{AO} 不变，如无外扩散影响存在，则以转化率对线速度作图将是一条水平线，否则表示有外扩散影响（图 2-6）。值得注意的是，上述这些实验在 Re 小于 50 时，是不甚敏感的。

内扩散阻力和催化剂的宏观结构（颗粒粒度、孔径分布、比表面积等）密切相关。反应体系和微孔结构不同，颗粒内各点浓度和温度的不均匀程度也不同。检验内扩散是否存在，可改变催化剂的粒度（直径 d_p），在恒定的 W/F_{AO}

图2-6　有无外扩散影响的实验方法Ⅱ

下测定转化率，以 x_A 对 d_p 作图。如无内扩散影响，则 x_A 不因 d_p 而变化，如图中 b 点左边的区域。在 b 点右边，d_p 增大 x_A 减小，表明有了内扩散的影响，因此实验所采用的 d_p 应该比 b 点处数值小一些才好（图 2-7 所示）。

显然，在一定范围内，提高气流线速度以及减少颗粒的直径能够分别减少外扩散及内扩散影响。

② 消除管壁效应，避免床层过热。因为靠近反应器管壁处的空隙率高于反应器中心处，

因此管壁处的流率和线速度可能会高于内部，提高反应器直径与催化剂颗粒直径的比值有利于管壁效应的消除。但这个比值不能过大，一般控制在 6～12，否则不利于反应热的导出。

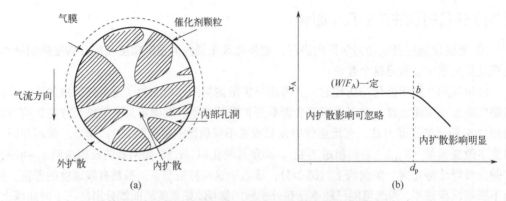

图 2-7　气体分子扩散过程（a）及有无内扩散影响的实验方法（b）

对催化剂床层高度也有要求，床层高度和床层直径应有恰当的比例，一般情况下，高度应为直径的 2～3 倍。床层过短，势必要增加床层的横截面积，导致气流线速度降低，影响热量和质量的传递，还影响流体在床层中流动的均匀性。

以上诸多因素常互相制约。比如降低催化剂粒径虽然有利于内扩散阻力的消除，但却使有效扩散系数下降，这可能又引起床层内温差增加。因此，要权衡各种因素的利弊，选择适宜的反应管直径、催化剂粒径与床层高度。

二、活性测试

（一）催化剂活性评价参数的选择

催化反应通常包含一系列复杂的反应过程，为进行反应的对比和衡量，需要选择不同的参数对催化剂进行评价。

对于参数的选择，存在以下多种可能的表达方式。

① 在给定的反应条件下原料达到的转化率。

② 原料达到某一给定的转化率时所需要的温度。

③ 原料达到给定的转化率时产物的选择性。

④ 在给定的原料转化率条件下催化剂的稳定性。

⑤ 给定条件下的总反应速率或转换频率。

⑥ 特定温度下对于给定的转化率所需要的空速。

⑦ 根据实验研究数据所推导的动力学参数。

上述试验项目，有些构成新型催化剂开发的条件，有些成为特定过程寻找最佳现存催化剂的条件。显然，催化剂测试过程可能是很昂贵的。因此，事先仔细考虑测试分析的程序，进行实验室反应器的合理选择是非常重要的。

活性表达参数的选择，将依所需信息的用途和可利用的工作时间而定。例如，在活性顺序的粗略筛选试验中，最常采用的是第①种表达方式。而寻求与反应器设计有关的数据，则需要在规定的条件下进行精确的动力学试验。不论测试的目的如何，所选定的条件应该尽可能切合实际，尽可能与预期的工业操作条件接近。

（二）活性表示方法

催化剂的活性是表示催化剂改变化学反应速率程度的一种度量。由于反应速率还与催化剂的体积、质量或表面积有关，所以必须引进比速率的概念。

$$体积比速率 = \frac{1}{V} \cdot \frac{d\xi}{dt}，\text{单位为 mol/ (cm}^3 \cdot \text{s)}$$

$$质量比速率 = \frac{1}{m} \cdot \frac{d\xi}{dt}，\text{单位为 mol/ (g} \cdot \text{s)}$$

$$面积比速率 = \frac{1}{S} \cdot \frac{d\xi}{dt}，\text{单位为 mol/ (cm}^2 \cdot \text{s)}$$

式中，V、m、S 分别为固体催化剂的体积、质量和表面积，ξ 为反应进度，t 为反应时间。

在工业生产过程中，催化剂的生产能力多数以催化剂的单位体积为标准，并且催化剂的用量通常都比较大，所以这时反应速率应当以单位容积进行表示。

在某些情况下，用催化剂单位质量作为标准，以表示催化剂的活性比较方便。比如，某种聚乙烯催化剂的活性为"十万倍"，意思即为每克催化剂可以生产 10 万克聚乙烯。

对于活性的表达方式，还有一种更直观的指标，即转化率。工业上常用这一参数来衡量催化剂的性能。转化率的定义为：

$$转化率(x_A) = \frac{\text{反应物A已经转化的物质的量}}{\text{反应物A起始的物质的量}} \times 100\%$$

使用这种参数时，必须注明反应物料与催化剂的接触时间，否则就无速率的概念了，为此工业实践中还引入下列相关参数。

① 空速：在流动体系中，物料的流速（标准状态下，单位时间的体积或质量）除以催化剂的体积就是体积空速或质量空速，单位为 s^{-1}。空速的倒数为反应物料与催化剂的平均接触时间，以 τ 表示，单位为 s，有时也称空时。

$$\tau = \frac{V}{F}$$

式中，V 是催化剂的体积，L；F 为物料流速，L/s。

② 时空得率：时空得率为每小时、每升催化剂所得产物的量。该量虽然直观，但因与操作条件有关，因此不十分确切。上述一些量都与反应条件有关，所以必须同时注明。

③ 选择性和选择性因素（选择度）：从某种程度说，选择性比活性更重要，在活性与选择性之间取舍时，往往决定于原料的价格，产物的分离难易程度。其影响因素和活性基本相同，如果反应中有物质的量变化，则必须加以系数校正。

$$选择性(S_A) = \frac{\text{所得目的产物的物质的量}}{\text{已经转化的反应物A的物质的量}} \times 100\%$$

由于催化反应过程中不可避免地会伴随有副反应的产生，因此选择性总是小于 100% 选择性因素。用真实反应速率常数比表示的选择性因素称为本征选择性，用表观速率常数比表示的选择性因素称为表观选择性。这种选择性因素的表示方法在研究中用得较多。

$$选择性因素(s) = \frac{k_1}{k_2} \times 100\%$$

对于一个催化反应来说，催化剂的活性和选择性是两个最基本的性能，人们在催化剂研究开发过程中发现，催化剂的选择性往往比活性更重要，也更难控制。因为一个催化剂尽管活性很高，若选择性不好，也会生成多种副产物，这样给产品的分离带来很多麻烦，大大地降低催化过程的效率和经济效益。反之，一个催化剂虽然活性不是很高，但若选择性非常高，仍然可以用于工业生产中。

④ 收率：

$$收率(Y) = \frac{产品中某一指定物质的物质的量}{原料中对应于该类物质的物质的量总量} \times 100\%$$

例如，甲苯歧化反应，计算芳烃的收率就可估计催化剂的选择性。因原料和产物均为芳烃，且无物质的量变化。

⑤ 单程收率：

$$单程收率(Y) = \frac{所得目的产物的物质的量}{起始反应物的物质的量} \times 100\%$$

单程收率有时也称为收率，其与转化率和选择性有如下关系

$$Y = X \times S$$

⑥ 稳定性：催化剂的稳定性通常也称寿命，是指其活性和选择性随时间变化的情况。寿命是指催化剂在反应条件下维持一定活性和选择性水平的时间（单程寿命），或者加上每次下降后经再生而又恢复到许可水平的累计时间（总寿命）。测定一种催化剂的活性和选择性费时不多，而要了解其稳定性和寿命则需花费很多时间。工业催化剂的稳定性主要包括化学稳定性、热稳定性、抗毒稳定性和机械稳定性四个方面。

a.化学稳定性：催化剂在使用过程中保持其稳定的化学组成和化合状态，活性组分和助催化剂不产生挥发、流失或其他化学变化，这样的催化剂有较长的稳定活性时间。

b.热稳定性：一种良好的催化剂，应能在苛刻的温度条件下长期具有一定水平的活性，少数催化剂如氨氧化制硝酸的铂催化剂、烃类转化制氢的镍催化剂，能分别在900℃和1300℃下长期使用。但是，大多数催化剂都有极限使用温度，超过一定温度范围，活性便会降低，甚至完全丧失。温度对催化剂的影响是多方面的，它可能使活性组分挥发、流失，使负载金属或金属氧化物烧结或微晶粒长大等，这些变化使比表面积、活性晶面或活性位减少而导致催化剂失活。

衡量催化剂的热稳定性，是从使用温度开始逐渐升温，看它能够忍受多高的温度和维持多长的时间而活性不变。耐热温度越高，时间越长，则催化剂的寿命越长。

c.抗毒稳定性：催化剂抗吸附活性毒物失活的能力称为抗毒稳定性，这些毒物泛指含硫、磷、卤素和砷等化合物，可能是原料中的杂质，也可能是反应中产生的副产物或中间化合物。各种催化剂对各种有害杂质有着不同的抗毒性，同一种催化剂对同一种杂质在不同的反应条件下也有不同的抗毒能力。衡量催化剂抗毒稳定性的标准有以下几条：在反应气中加入一定量的有关毒物，使催化剂中毒后，再用纯净的原料气进行测试，观察其活性和选择性保留的程度；在反应气中逐量加入有关毒物，至活性和选择性维持在给定的水平，观察毒物的最高允许浓度；将中毒后的催化剂通过再生处理，观察其活性和选择性能否恢复及其恢复的程度。

d.机械稳定性（机械强度）：固体催化剂颗粒有抵抗摩擦、冲击、重力的作用以及耐受温度、相变应力的能力，统称为机械稳定性或机械强度。

三、催化剂理化结构测定

（一）吸附现象及有关概念

多相催化研究的一个根本问题就是固体催化剂的催化性能与它的物理和化学性质的关联。催化剂的物理性质主要包括表面积、孔尺寸、孔隙率和机械性质等。

互不相溶的两相接触所形成的过渡区域称为界面，有气体参与形成的界面通常称为表面。多相催化反应发生在固体催化剂的表面，为了获得给定体积最大的反应活性，绝大多数催化剂被制成多孔的，以增大其表面积。

然而催化剂内的多孔结构不但会引起扩散阻碍，影响催化剂的活性和选择性，而且还会影响催化剂的机械性质和寿命。

固体内部的裂隙及深度大于宽度的空腔和通道均视为孔，含孔的固体称为多孔固体。可用孔宽定量评价孔尺寸，如圆柱形孔的孔直径或者裂隙孔的壁间距。国际纯粹化学与应用化学联合会（IUPAC）推荐将孔按尺寸分类如下：大孔，孔宽大于 50nm；中孔（或介孔），孔宽为 2～50nm；微孔，孔宽小于 2nm，但须能被分子渗入。此外，微孔还可被划分为极微（＜0.7nm）和超微孔（0.7～2.0nm）。常说的"纳米孔"指孔宽小于 100nm 的孔。孔内空间的大小用孔容（也称孔体积）来定量评价。

多孔固体的表面可分为外表面和内表面。通常情况下，固体外表面是指孔外的表面，内表面指孔内的孔壁表面；但对于含有微孔的多孔固体，习惯上外表面指微孔以外的表面。用表面积定量评价固体催化剂有效的孔和表面，这些孔和表面需要能被气相或液相反应物分子所触及，孔尺寸、孔容和孔尺寸分布等孔形态参数和表面积是表征催化剂性能的重要参数，它们都可以通过物理吸附来测量。

吸附作用发生在两相界面上，因此多相催化研究中备受关注的就是固气表面的吸附。当一定量的气体或蒸气与洁净的固体表面接触时，一部分气体将被固体捕获，若气体体积恒定，则压力下降，若压力恒定，则气体体积减小。从气相中消失的气体分子或进入固体内部，或附着于固体表面，前者称为吸收，后者称为吸附。吸附和吸收统称为吸着。多孔固体因毛细凝聚而引起的吸着作用也视为吸附作用。

能有效地从气相中吸附某些成分的固体物质称为吸附剂。在气相中可被吸附的物质称为吸附物，已被吸附的物质称为吸附质。有时吸附质和吸附物可能是不同的物种，如发生解离化学吸附时。

吸附既可以表示吸附质分子吸着在固体表面这一现象或状态，也可表示吸附物分子从气相被吸至表面，表面吸附量增加的过程。而脱附只表示吸附过程的逆过程，即表面吸附量减少，吸附质分子逃逸于催化剂表面，重新进入气相的过程。

固体表面的吸附特性取决于表面和吸附质的特性及二者间相互作用。首先是固体的表面特性方面，一方面，固体具有刚性和弹性，其表面原子活动性极小，这决定了其表面几乎不可能处于平衡和等势能状态。因此，固体的表面性质取决于它的形成条件和储存状态。

另一方面，一个新生成的、洁净的固体表面通常具有非常高的表面自由能。固体无法通过表面塑性流动减小其总界面来降低表面自由能，因而固体表面趋于吸附气体、改变其表面原子的受力不平衡、降低表面自由能。固体表面势能的不均匀性决定了吸附不是一个均匀的过程。

　　固气表面上存在物理吸附和化学吸附两类吸附现象，二者之间的本质区别是气体分子与固体表面之间作用力的性质。物理吸附是由范德华力，包括偶极-偶极相互作用、偶极-诱导偶极相互作用和色散相互作用等物理力引起，它的性质类似于蒸气的凝聚和气体的液化。吸附质分子与吸附剂表面的电子密度都没有明显的改变。

　　化学吸附涉及化学成键，吸附质分子与吸附剂之间存在电子交换、转移或共用。物理吸附提供了测定催化剂表面积及孔尺寸分布的方法。而化学吸附是多相催化过程关键的中间步骤，化学吸附物种的鉴定及其性质的研究也是多相催化研究的主要内容。

（二）物理吸附的理论模型

1. 吸附理论的发展概述

　　建立一种普遍性的吸附理论解释所有吸附现象是不可能的，也不是必须的。现在广为接受和使用的吸附理论都是从某些假设和理论模型出发，对一种或几种类型的吸附等温线或者实验结果给出合理的解释，并能最终导出吸附等温式。吸附等温式的理论推导可以根据动力学、统计力学或热力学来进行。而具有实际应用价值的往往是那些模型简单、参数少的吸附等温式，其中最著名的莫过于 Langmuir 吸附等温式、BET 方程和 Freundlich 吸附等温式等。

　　19 世纪末至 20 世纪初，由于吸附技术的工业应用和以合成氨技术的工业化为代表的多相催化趋于成熟，吸附作用的重要性得到了广泛的认识，吸附热力学、吸附动力学和吸附模型的理论成果相继发表。

　　1873～1878 年，J.W.Gibbs 提出 Gibbs 吸附公式，这一成果是吸附理论的基础。Gibbs 法认为界面是二维的，有面积而无体积，Gibbs 吸附公式表达了界面浓度、界面张力与温度、压力及体相组成的关系。Gibbs 吸附公式以经典热力学为基础，在推导时未作特别限制，适用于一切界面的吸附问题。

　　1907 年，H. Freundlich 提出经验性的 Freundlich 吸附等温式，式中吸附量与吸附平衡压力的分数指数成正比。该式隐含着吸附热随覆盖度对数减少的关系，尽管也能用统计方法从理论上予以推导，但该吸附等温式缺乏清晰的吸附机理图像。

　　1911 年，R. A. Zsigmondy 将弯曲液面的蒸气压与曲率半径的关系——Kelvin 公式应用于多孔性固体中，提出了毛细凝聚理论，解释了多孔性固体吸附等温线的回滞环现象。

　　1914 年，M. Polanyi 提出吸附势理论，该理论认为在固体表面存在吸附场，吸附场的作用范围远超过单个分子的直径大小，吸附质分子落入此势能场即可被吸附，形成一个包括多层分子的吸附空间。吸附势理论是热力学理论，不涉及吸附的微观机理，而是吸附平衡的宏观表现。M. Polanyi 定量描述了吸附势，虽然这一理论可以根据某温度下的实验吸附等温线数据来推算同一体系其他温度下的吸附等温线，但当时未能给出明确的吸附等温式。

　　1916 年，I. Langmuir 提出单层吸附理论，基于一些明确的假设条件，得到简明的吸附等温式 Langmuir 方程。该等温式用热力学、统计力学和动力学方法均可导出。Langmuir 吸附等温式既可应用于化学吸附，也可以用于物理吸附，因而在多相催化研究中得到普遍的应用。

　　1938 年，S. Brunauer、P. H. Emmett 和 E. Teller 基于 Langmuir 单层吸附模型提出一种多分子层吸附理论，并推出相应的吸附等温式 BET 方程。BET 吸附等温式适用于物理吸附，该式是测定固体表面积的理论依据。基于 BET 公式测定吸附量和计算固体比表面积的方法也被称为 BET 法。

1940 年，S. Brunauer、I. S. Deming、W. E. Deming 和 E. Teller 提出的 BDDT 分类将复杂多样的实际等温线简化成五种类型。后来 J. H. de Boer 对 IV 型和 V 型等温线的回滞环做了分类，这些分类方法最终被 IUPAC 采纳。根据吸附等温线的类型和回滞环的形状，可以了解吸附质与吸附剂表面作用的强弱、吸附剂孔的性质及形状等。

1951 年，E. P. Barrett、L. G Joyner 和 P. P. Halenda 运用 Kelvin 公式研究吸附等温线的特征，采用一端封闭的圆柱形孔等效模型进行孔尺寸分布计算，发展了计算中孔孔尺寸分布的 BJH 法。

M. M. Dubinin 等发展了吸附势理论，提出微孔充填理论来描述微孔吸附剂的吸附过程，这个理论由 D-R 方程及随后的 D-A 方程来表达。微孔内的吸附机制不是孔壁上的表面覆盖，而是一种类似毛细凝聚的微孔填充。由于微孔孔道内吸附势能高，孔壁与吸附质分子间的相互作用强烈，在气体相对压力很低的情况下，微孔便可被吸附质分子完全充满。

1947 年，M. M. Dubinin 和 L. V. Radushkevich 将吸附势能与吸附体积联系起来，提出 D-R 方程。该法给出一个由吸附等温线的低中压部分结果来测定微孔孔容的方法。1971 年，M. M. Dubinin 和 V.A.Astakhov 将 D-R 方程推广，导出了适用性更广的 D-A 方程。

1983 年，G. Horvath 和 K. Kawazoe 提出了 Horvath-Kawazoe 方程，该法以吸附势理论为基础，假设微孔为狭缝形，可以给出微孔孔容相对于孔尺寸的分布曲线。随后，A. Saito 和 H. C. Foley 及 I. S. Cheng 和 R. T. Yang 分别推导了圆柱形孔模型和球形微孔模型的 HK 公式。最初的 HK 方法适用于活性炭等狭缝孔材料，修正后的 SF 方法可用于沸石和分子筛。

除了从特定的理论模型出发计算表面积，研究者们还发展出了许多测定表面积的经验方法。例如，大量研究结果表明，氮气在非孔性固体上的吸附等温线相似，若将吸附量以吸附层数 n 表示，则所有非孔性固体的吸附等温线应当重合。据此原理，1965 年，J. H. de Boer 建立了一种经验的 t-曲线作图法，后来 K. S. W. Sing 和 S. J. Gregg 又发展成 α_s-曲线法。这两种经验作图法可以把微孔吸附、中孔吸附及毛细凝聚现象区别开来，并计算表面积、微孔和中孔孔容。

上述经典的吸附理论或者半经验方法，大多基于宏观热力学的概念推导和演绎。虽然它们的实用性得到充分的验证，但是其局限性也是明显的。例如，还没有哪一种方法可以从吸附-脱附等温线上获得全部的孔尺寸分布。另外，宏观的热力学方法的准确性是有限的，因为它假设纳米孔中受限的流体具有与自由流体相似的热力学性质。最近的理论和实验工作表明，受限流体与自由流体的热力学性质有相当大的差异，如产生临界点、冰点和三相点的位移等。

最近的二十年来，由于计算机技术的迅猛发展，促进了基于分子统计力学的密度泛函理论（density functional theory，DFT）和蒙特卡罗模拟方法（Monte Carlo sinulation，MC）在吸附分子模拟及孔尺寸分布研究中应用的发展。它们不仅提供了吸附的微观模型，而且更现实地反映了纳米孔中受限流体的热力学性质。

非均匀流体的 DFT 和 MC 模拟方法在分子水平和宏观研究之间建立起一座桥梁，对吸附现象的描述和对孔尺寸分析更加全面、准确。这些方法考虑并计算了吸附在表面的流体和在孔里的流体的平衡密度分布，并可以推导出模型体系的吸附-脱附等温线、吸附热等特性。

量子力学研究多电子体系电子结构发展出了电子密度泛函理论。密度泛函理论体系和数值分析方法的发展使得密度泛函理论的应用越来越广泛。统计力学研究流体的微观结构与宏观性质也建立了针对经典流体的密度泛函理论方法，它特别适用于非均匀流体及具有介观结构的系统。

2. 吸附等温线的类型

由于吸附剂表面性质、孔尺寸分布及吸附质与吸附剂相互作用的不同，因而实际的吸附实验数据比较复杂。S. Brunauer、L. S. Deming、W. E. Deming 和 E. Teller 在总结大量实验的基础上，将多样的等温线归纳为 5 种类型（图 2-8）。

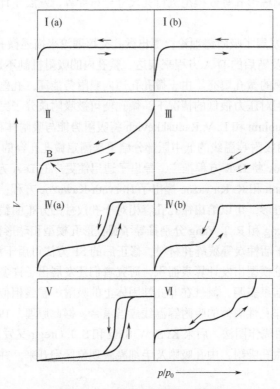

图 2-8　IUPAC 吸附等温线的分类

Ⅰ型等温线在较低的相对压力下吸附量迅速上升，达到一定相对压力后吸附出现饱和值，吸附量呈现一平台，类似于 Langmuir 型吸附等温线。需要指出的是，Langmuir 公式用以描述物理吸附Ⅰ型等温线的情况比较少见。只有在非孔性或者大孔吸附剂上，平台饱和值相当于在吸附剂表面上形成单分子层吸附，不形成多层吸附，才能应用 Langmuir 公式。大多数情况下，Ⅰ型等温线往往反映的是外表面积相对较小的微孔吸附剂（分子筛、微孔活性炭等）上的微孔填充现象，饱和吸附量等于微孔的填充体积（微孔孔容）。可逆的化学吸附也应该是这种吸附等温线。微孔吸附剂的氮气（77K）和氩气（87K）低温吸附Ⅰ型等温线又可以分两个亚类：Ⅰ(a) 微孔吸附剂具有集中的小于 1nm 的孔尺寸分布；Ⅰ(b) 孔尺寸分布较宽，甚至可能包括小于 2.5nm 的中孔。注意 BET 理论也无法应用于解释、分析和处理纯微孔吸附剂的Ⅰ型等温线。

Ⅱ型等温线反映非孔性或者大孔吸附剂上典型的物理吸附过程，这是 BET 理论最常说明的对象。由于吸附质与表面存在较强的相互作用，在低相对压力段，吸附量随相对压力增加而快速上升，曲线上凸。等温线拐点通常出现于单层吸附形成点附近，随相对压力的继续增加，逐步形成多层吸附，达到饱和蒸气压时，吸附层无穷多，导致实验难以测定准确的极限平衡吸附量。

Ⅲ型等温线十分少见。等温线下凹，且没有拐点。吸附量随相对压力增加而缓慢上升。曲线下凹是因为吸附质分子间的相互作用比吸附质与吸附剂之间的强，第一层的吸附热比吸附物的液化热小，以致吸附初期吸附质较难于吸附，而随吸附过程的进行，吸附出现自加速现象，吸附层数也不受限制。但相比Ⅱ型等温线，到饱和蒸气压时，吸附层数仍是有限的。BET 公式中 C 值小于 2 时，可以描述Ⅲ型等温线。

Ⅳ型等温线与Ⅱ型等温线类似，但曲线的中等相对压力段再次凸起，而且还可能出现回滞环，其对应的是多孔吸附剂上出现毛细凝聚现象。在低相对压力段，中孔孔壁上形成单层吸附。在中等的相对压力，由于中孔内毛细凝聚的发生，Ⅳ型等温线较Ⅱ型等温线上升得快。中孔毛细凝聚填满后，如果吸附剂还有大孔或者吸附质分子相互作用强，可能继续吸附形成多分子层，吸附等温线继续上升。但在大多数情况下毛细凝聚结束后，出现一宽度不定的吸附终止平台，并不发生进一步的多分子层吸附。

Ⅳ（a）型等温线在中等相对压力时出现回滞环，表明中孔孔尺寸超过一定的临界宽度 D_{ch}（critical hysteresis diameter）。该临界孔宽 D_{ch} 取决于吸附体系和吸附温度，例如，孔宽大于 4.0 nm 的圆柱形孔材料的 77K 氮气吸附等温线有回滞环，为Ⅳ（a）型。而如果中孔孔尺寸小于 4.0nm 且分布集中，则 77K 氮气吸附等温线为完全可逆、没有回滞环的Ⅳ（b）型等温线。对于 77K 和 87K 的氩吸附，D_{ch} 则分别为 3.3nm 和 4.1nm。理论上，分布集中的筒底为球形的圆筒形和底部逐渐收缩的圆锥形中孔盲孔也表现出Ⅳ（b）型等温线。

Ⅴ型等温线与Ⅲ型等温线类似，吸附质与吸附剂表面相互作用弱。但由于中孔内毛细凝聚的发生，在中等的相对压力等温线上升较快，并伴有回滞环。达到饱和蒸气压时吸附层数有限，吸附量趋于一极限值。

Ⅵ等温线是一种特殊类型的等温线，反映的是无孔均匀固体表面多层吸附的结果（如洁净的金属或石墨表面），台阶表明一个个吸附层的逐层堆叠。实际固体表面大多是不均匀的，很难遇到这种情况。

综上，由吸附等温线的类型可以定性地了解有关吸附剂表面性质、孔尺寸分布及吸附质与表面相互作用的基本信息（表 2-1）。吸附等温线的低相对压力段的形状反映吸附质与吸附剂表面相互作用的强弱；中、高相对压力段反映固体吸附剂表面有孔或无孔，以及孔尺寸分布和孔容大小。

表 2-1　吸附质与吸附剂表面相互作用和孔尺寸分布信息

作用力	微孔（＜2nm）	中孔（2～50nm）	大孔（＞50nm）
作用力强	Ⅰ型等温线（分子筛、微孔活性炭、细孔硅胶）	Ⅳ型等温线	Ⅱ型等温线（无孔粉体）
作用力弱		Ⅴ型等温线（四氯化硅/硅胶）	Ⅲ型等温线（溴/硅胶）

3. 毛细凝聚和回滞环

大量实验结果表明，Ⅳ型等温线上会出现回滞环，即吸附量随平衡压力增加时测得的吸附分支和压力减小时所测得的脱附分支，在一定的相对压力范围不重合，分离形成环状。相同的相对压力下，脱附分支的吸附量大于吸附分支的吸附量。这一现象发生在具有中孔的吸附剂上，BET 公式不能处理回滞环，需要毛细凝聚理论来解释。

毛细凝聚理论认为，在多孔性吸附剂中，若能在吸附初期形成凹液面，根据 Kelvin 公式，凹液面上的饱和蒸气压总小于平液面上的饱和蒸气压，所以在小于饱和蒸气压 p_0 时，凹液面上已达饱和而发生蒸气的凝结，发生这种蒸气凝结的作用总是从小孔向大孔发展，随着气体压力的增加，发生气体凝结的毛细孔越来越大；反之，脱附时，毛细管内凝聚液体的蒸发则随着气体压力的减小由大孔向小孔退缩。

a.一端开口的均匀圆筒形孔。如图 2-9 所示，筒底半球形凹液面对应的饱和蒸气压低于筒中部凹液面的饱和蒸气压。当气体压力大于筒底凹液面对应的饱和蒸气压时发生毛细凝聚现象，由于圆筒均匀，所以毛细凝聚一旦发生，液体立刻充满孔筒，等温线吸附支直线上升。脱附一旦开始，在孔口形成一个曲率半径为 r 的半球形凹液面，当气体压力小于此凹液面对应的饱和蒸气压时，液体立刻汽化脱附，等温线脱附支直线下降。故此类孔内脱附与吸附过程可逆，等温线无回滞环。

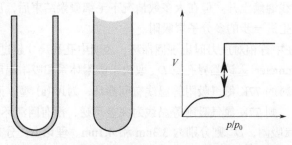

图 2-9　一端开口的均匀圆筒形孔吸附、脱附模型和等温线

b.两端开口的均匀圆筒形孔。两端开口的均匀圆柱形孔不存在筒底。当吸附质气体在孔壁上形成吸附液膜后，气液界面是圆柱面，当气体压力大于此圆柱凹液面对应的饱和蒸气压时发生毛细凝聚。而脱附时的情况与一端开口的均匀圆筒形孔相同，是从半球形凹液面脱附（图 2-10）。

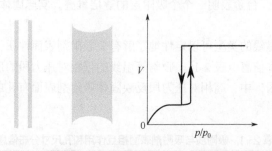

图 2-10　两端开口的均匀圆柱形孔吸附、脱附模型和等温线

c.四面开口的平板型孔。四面开口的平板型孔内吸附质在孔壁上形成两相对的平面吸附液膜，只有多层吸附液膜相遇，或者气体压力达到饱和蒸气压时孔内才充满。而脱附时，平板型孔四周形成的气液界面是圆柱形凹液面。同样脱附与吸附过程不可逆，等温线上出现回滞环。

d."墨水瓶"孔。"墨水瓶"孔形象描述了一类带有一个宽度小于空腔尺寸的咽喉孔口的开孔。口小腹大的"墨水瓶"孔内空腔由底向上半径逐渐增大，孔壁形成吸附液膜后，从"瓶"底半球形凹液面开始发生毛细凝聚，由于气液界面曲率半径逐渐增大，"瓶"体逐渐充满，直至喉管，等温线吸附支吸附量缓慢上升。

脱附时，细小喉管形成的半球形凹液面产生一种"封闭作用"，将"瓶"内液体封住不能蒸发气化。只有气体压力小于此凹液面对应的饱和蒸气压时，喉管液体才气化脱附。而喉管液体一旦脱附，此时气体压力已远小于"瓶"体内凹液面对应的饱和蒸气压，"瓶"内液体立即蒸发，因此脱附支陡峭下落。

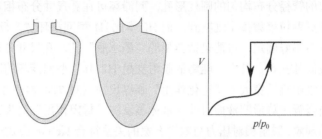

图 2-11　"墨水瓶"孔吸附、脱附模型和等温线

回滞环的形状及其出现的 p/p_0 区间与吸附剂的孔形态、吸附质种类和吸附温度等有关。理论上，脱附时孔宽最小的孔内部的毛细凝聚液蒸发后，等温线脱附支才与吸附支重合，回滞环自然闭合。

回滞环自然闭合的 p/p_0 点反映吸附剂上毛细凝聚液最后蒸发的最小孔的孔宽。但大量吸附等温线数据表明，回滞环不低于相对压力一侧闭合点 p/p_0，存在一下限。该 p/p_0 下限只与吸附质种类和吸附温度有关，而与吸附剂性质和孔结构无关，例如，77K 氮吸附等温线回滞环的闭合点不会出现在 p/p_0=0.42 之下。这一现象很早就被发现，曾被认为源于"力效应"。根据 Young-Laplace 方程，凹液面上附加压强指向气相，大小与液面曲率半径成反比，如果附加压力超过液面能够承受的最大张力，毛细凝聚现象消失。

对于给定的吸附质，液面能承受的最大张力对应一个临界相对压力$(p/p_0)_{TSE}$，根据 Kelvin 公式可以得到与$(p/p_0)_{TSE}$对应的凹液面曲率半径 r_{TSE}。一旦气体压力降到$(p/p_0)_{TSE}$，半径小于 r_{TSE} 的孔口凹液面将不复存在，孔内的毛细凝聚液自发成核生成气泡而蒸发。

目前则更多地直接将该现象称为"空化作用"，认为其发生在喉管尺寸小于某一临界尺寸的"墨水瓶"孔上。以 77K 氮气吸附为例，脱附过程中随着 p/p_0 的降低，毛细凝聚液蒸发，孔由大到小逐次排空，当 p/p_0 降到 0.4～0.5 时，虽然气体压力仍高于剩余的孔宽小于 5～6nm 的孔和喉管内毛细凝聚液凹液面上的饱和蒸气压，但"墨水瓶"孔空腔内亚稳态毛细凝聚液会自发成核、生成气泡而蒸发，此时喉管毛细凝聚依然存在。也就是说，脱附过程中气体压力降至某一临界相对压力，尽管此时"墨水瓶"孔喉管凹液面根据 Kelvin 公式计算的对空腔的"封闭作用"尚未消失，但这种"空化作用"会导致空腔内气体的"提前"突然脱附，造成等温线脱附支突然下降，回滞环闭合。因此，该相对压力不再反映发生毛细凝聚最小孔的孔宽信息，而反映发生空化作用的临界孔尺寸。该临界孔尺寸由吸附质种类和脱附温度决定，提高脱附温度，空化作用发生的临界相对压力会相应提高，对应的临界孔尺寸也增大，而回滞环会变窄并逐渐消失。

回滞环在高相对压力一侧闭合点对应吸附剂的全部孔被液态吸附质完全充满，它反映孔性吸附剂的孔尺寸分布特性，而往往与吸附质种类无关。如果吸附剂孔尺寸分布较均匀，吸附等温线会出现回滞环闭合的饱和吸附平台，闭合点 p/p_0 反映发生毛细凝聚的最大孔的孔宽。但若不存在饱和吸附平台，闭合点不易分辨，通常取 p/p_0=0.95 为回滞环闭合点上限。因为当 p/p_0 接近 1 时，吸附量测量误差很大，而且相对压力变化 1%，孔尺寸变化近 100%，压力测量微小的误差就会导致 Kelvin 方程孔尺寸计算的巨大偏差。所以 p/p_0=0.95 是应用 Kelvin 方程计算孔尺寸的可靠上限。

2015 年 IUPAC 将常见的回滞环分成了六类。

H1、H2 和 H5 型回滞环吸附等温线上有饱和吸附平台，反映孔尺寸分布较均匀。H1 型反映的是两端开口的管径分布均匀的圆柱形孔，回滞环可在孔尺寸分布相对较窄的介孔材料和尺寸较均匀的球形颗粒聚集体中观察到。而 H2 型比 H1 型回滞环宽，反映的孔结构复杂，孔形状和孔尺寸分布不好确定，可能包括典型的"墨水瓶"孔、孔尺寸分布不均的圆柱形孔和密堆积球形颗粒间隙孔等。其中，陡峭的脱附支是 H2（a）型回滞环的明显特征。如前所述，喉管尺寸分布集中且孔宽大于"空化作用"临界尺寸（对 77K 氮气吸附为 5～6nm）的"墨水瓶"孔，当喉管半球形凹液面对孔内液体蒸发的"封闭作用"消失，可以造成这种液体立刻气化脱附的现象，脱附相对压力与喉管孔宽的关系符合 Kelvin 公式。这种情况，以 77K 氮气吸附为例，回滞环闭合点一般在 $p/p_0 > 0.5$ 之上。但是，如果这个陡峭的脱附支落在"空化作用"发生的临界相对压力范围内（对 77K 的氮吸附为 0.4～0.5），这时喉管尺寸在回滞环出现的临界宽度 D_{ch} 与"空化作用"临界尺寸之间的"墨水瓶"孔（对 77K 氮气吸附为孔宽 4～6nm）内的毛细凝聚液体都因"空化作用"而气化脱附，因而，脱附相对压力不再真实反映喉管孔宽，而只是表明可能存在喉管孔宽小于"空化作用"临界尺寸的"墨水瓶"孔。

喉管孔宽大于"空化作用"临界尺寸且尺寸分布较宽的"墨水瓶"孔可以造成 H2（b）型回滞环，吸附支平滑地下降反映喉管凹液面由大孔向小孔消退，"封闭作用"逐渐消失释放出孔内液体。这种情况，脱附相对压力与喉管孔宽的关系符合 Kelvin 公式。

H3 型和 H4 型回滞环吸附等温线没有明显的饱和吸附平台，表明孔结构很不规整。

H3 型回滞环反映的孔包括平板狭缝结构、裂缝结构和楔形结构等。H3 型回滞环等温线的吸附支是Ⅱ型等温线，在高相对压力区域没有表现出吸附饱和。H4 型回滞环等温线的吸附支是Ⅰ型和Ⅱ型等温线的复合，出现在微孔和中孔混合的吸附剂及含有狭窄的裂隙孔的多孔固体上，如分子筛和中微孔碳材料。

H5 型回滞环不常见，脱附支有两个明显的下降台阶，表明中孔材料上存在两组孔尺寸分布相对集中的中孔。例如，同时存在大孔宽的圆柱形中孔和较小孔宽喉管的"墨水瓶"中孔；或者存在相同孔宽的畅通中孔和部分堵塞中孔，二者吸附时同时充满，但脱附时前者先于后者排空。除了自然闭合，H3 型、H4 型和 H5 型回滞环都可能出现空化作用造成强制闭合，即脱附支在非常窄的临界相对压力区间（对 77K 氮气吸附是 p/p_0=0.4～0.5）出现一个陡峭的下降而与吸附支闭合，反映可能存在一定数量的喉管孔宽小于"空化作用"临界尺寸的"墨水瓶"孔。

在某些微孔吸附剂上，会出现回滞环在低的相对压力一直不闭合的情况，脱附支一直在吸附支的上方。可能的原因有：微孔吸附剂骨架结构是非刚性的，吸附时发生溶胀；吸附剂微孔孔尺寸与吸附质分子尺寸非常接近，不易脱附；吸附剂与吸附质发生了化学反应。

上述吸附等温线及其上回滞环都是饱和吸附（所有孔被充满）的吸附/脱附等温线。即 p/p_0 从 0 扫描至 1，然后 p/p_0 再从 1 扫描至 0。这样得到的吸附/脱附等温线也称为"边界吸附/脱附等温线"。有关吸附剂孔形态与回滞环形状关系的分析，并没有考虑不同尺寸的孔相互连通对吸附/脱附过程造成的影响。即前述的分析假定孔是独立的，各孔内的吸附和脱附互不干扰。这显然与实际情况不符，实际上催化剂的孔往往是连通的，还存在等级结构。由于不同尺寸的孔相互连通，导致吸附和脱附的途径不一致，也会在等温线上产生回滞环。因此，对比吸附剂吸附至不同饱和程度后脱附得到的脱附扫描曲线的回滞环，以及脱附到不同程度再吸附得到的吸附扫描曲线（特征是一条公共的脱附支分支出一组凸向 p/p_0 轴、汇集于高 p/p_0 一侧闭合点的吸附支的回滞环），可以分析吸附剂上孔的规整性和连通情况。例如，对于各孔独立的吸附剂，中孔部分填充所产生的回滞环的吸附支和脱附支下落段与边界吸附/脱附等温线回滞环重合；而对于孔连通的吸附剂，不同吸附饱和程度的回滞环形状可能是不一样的。

综上，根据吸附等温线的形状，并配合对回滞环形状和宽度的分析，就可以获得吸附剂孔形态的主要信息。但是需要注意，上述各类型吸附等温线及回滞环都是典型的，它们所反映的孔结构因而也是典型的。实际吸附剂孔形态复杂，而且其上同时存在微孔、中孔及相当比例的外表面，实验得到的吸附等温线和回滞环并不能简单地归于某一种分类，而往往是几类的复合，反映吸附剂"混合"的孔形态特征。因此，分析等温线和回滞环时要抓住主要特征，找出其中的主要孔结构类型。

（三）宏观物性数据的测定

1.表面积

多孔固体表面积分析测试方法有多种，其中气体吸附法是最成熟和通用的方法。其基本原理是测算出某种气体吸附质分子在固体表面物理吸附形成完整单分子吸附层的吸附量，乘以每个分子覆盖的面积即得到样品的总表面积。吸附剂的总表面积除以其质量称为比表面积（单位为 m^2/g），它是表面积的常用表示方式。在原子尺度上，分子的表面用范德华表面模型描述，即分子暴露的每个原子的范德华半径交叠形成的抽象的几何分界面，代表分子与分子间以物理力（范德华力）相互作用的接触面。但气体吸附法测得的"表面"积并不是吸附剂理论上的范德华表面表面积，而是吸附质分子"可触及表面"的表面积。形象地讲，吸附质分子（假定为球体）在吸附剂的"范德华表面"滚动，球心轨迹形成的几何面是"可触及表面"。显然这个假想面的形状和面积均与吸附质分子的大小有关。另外，实际的多孔固体表面并不是理想的二维几何面，而是粗糙不平的，具有所谓的"分形"特性。其测得的面积与测量的尺度之间的指数关系不再是整数，而是一个分数（即表面的分形维数）。吸附质分子就是测量表面积的量尺，吸附质分子越小，表面复杂的细节不断被探知，测得的表面积越大。

气体吸附法测定多孔固体的表面积，数值会因吸附质分子的形状和大小不同而发生变化。对多相催化研究而言，为了尽可能真实地反映化学反应进行时有效的表面积，吸附质分子应该尽量小、接近球形而且对表面惰性。氮、氪和氩等气体都是适合的选择。其中，氮在大多数表面上都可以给出意义明确的Ⅱ型或Ⅳ型吸附等温线，并且氮气和液氮价格便宜、容易高纯度获得。所以 77K 下的氮气低温吸附成为最为常用的表面积测试方法。但是在某些情况下，氮气可能与表面发生强的相互作用或者形成化学吸附（如金属表面），也可能与表面相互作用过弱，形成Ⅲ型或Ⅴ型等温线，而无法确定单层吸附量。这时需要改用其他吸附质，使等温线呈Ⅱ型或Ⅳ型等温线，但是要避免采用非球形的吸附质分子。

催化剂表面积测定可采用以下方法进行。

BET 法：即采用 BET 二常数公式的直线形式，以 $\dfrac{P}{V(p_0-p)}$ 对 $\dfrac{p}{p_0}$ 作图（BET 曲线图），得到直线。直线的斜率是 $\dfrac{C-1}{V_m C}$，截距是 $\dfrac{1}{V_m C}$，则：

$$V_m = \frac{1}{斜率+截距}$$

从 V_m 算出固体表面铺满单分子层所需的分子数，进而求出吸附剂的总表面积和比表面积。BET 公式计算表面积基于单层吸附量，而明确的单层吸附只能在非孔性固体材料、大孔固体材料以及孔宽大于 4nm、毛细凝聚不影响单层吸附的中空固体材料上形成。

因此，原则上 BET 法只适合处理 II 型和 VI（a）型吸附等温线，而常数 BET 公式适用 p/p_0 一般为 0.05～0.35（更可靠的为 0.05～0.30），对于表面吸附能较高的吸附体系，BET 法的线性范围可能会向低相对压力移动。为保证数据的可靠性，BET 法作图应至少使用五个数据点。

BET 公式计算表面积不能处理含微孔固体的吸附等温线，因为无法将低相对压力下 $(p/p_0<0.1)$ 微孔填充的吸附量扣除，从而得到单层吸附量。采用 BET 公式从含微孔的吸附剂吸附曲线上计算得到的表面积，只能称为"等效 BET 表面积"，而不能称为"内表面积"。对于微孔材料而言，微孔的表面积物理意义并不明确。低相对压力下微孔填充的饱和吸附量等于微孔的填充体积，即微孔孔容。

另外，如果吸附剂上含有相当多的 2～4nm 孔宽的中孔，由于单层吸附完成与毛细凝聚开始的相对压力非常接近，单层吸附量容易显著高估而导致表面积计算值偏大。

BET 法计算多孔固体的表面积虽然源于 BET 吸附理论，但实际上，BET 法是一个经验方法。

单点 BET 法：若 BET 二常数公式中 C 值较大时（$C>50$），BET 直线形式可简化为：

$$\frac{p}{V(p_0-p)} = \frac{p}{(p_0-p)} \times \frac{1}{V_m}$$

则以 $\frac{p}{V(p_0-p)}$ 对 $\frac{p}{p_0}$ 作图，得到通过原点的直线，直线的斜率就是 $\frac{1}{V_m}$。大多数表面上，在 $\frac{p}{p_0}$ 为 0.3 时测定吸附量，采用单点法得到的表面积与 BET 法的误差小于 5%。因此单点法是一个快速准确的表面积测定方法，特别对于表面性质已知的大孔或者非孔性样品。

2. 孔容和孔尺寸分布

固体内部与外界连通的孔称为开孔。其中，仅有一个与外界连通的孔称为盲孔，不与外界连通的孔称为闭孔。

固体催化剂内部对于催化反应有意义的是那些反应物、产物分子可以进出的开孔，这些孔即使不是刻意制造的，也是精心选择的。孔形状、孔尺寸、孔容和孔尺寸分布等孔形态特性对催化剂的活性和选择性都有很大的影响。很多情况下，固体催化剂表现出的活性和选择性并不反映其本征特性，而是由与其孔形态有关的扩散控制所决定的。因此，对催化剂的孔形态进行分析和测定也是催化剂研究中必不可少的内容。

对于具有确定几何特征的孔，孔尺寸可以用其几何特征尺度标示，例如，对于理想的圆柱形孔或者平板孔分别用孔直径和板壁间距（二者统称孔宽）标示。然而，固体催化剂内部的孔其实是极不规则的，无法用纯粹的几何特征值标示。催化剂孔形态参数往往是采用间接测定方法，基于特定的孔形状模型进行分析确定。对大多数多孔固体来说，圆柱形孔和平板孔是统计上最佳的几何等效孔模型，所以通常把催化剂内部的孔等效视作圆柱形孔或者平板孔，孔尺寸也用等效孔的孔宽标示。由于更多地采用圆柱形孔为等效孔模型，默认孔口为圆形，因此"pore size"一词过去习惯性翻译成"孔径"。

对于微孔吸附剂，微孔填充的微孔饱和吸附量即微孔孔容。纯微孔吸附剂的孔容对应其 I 型等温线的平台吸附量；中微孔混合吸附剂上微孔填充在 p/p_0 等于 $0.01\sim0.15$ 之间完成，但此时的总吸附量还包含了外表面上的亚单层吸附量。IV 等温线表明吸附剂中含有中孔，高 p/p_0 段的吸附终止平台吸附量就是中孔和微孔的总孔容，但若此平台不易分辨，总孔容通常取 p/p_0 为 0.95 的吸附量，相应的孔宽为 50nm。吸附剂的孔容除以其质量称为比孔容（单位为 cm^3/g）。

测定孔尺寸、孔容和孔尺寸分布等孔形态参数可以使用直接观测法，如电镜法。对于具有规整孔结构的多孔固体，直接观测法可以直观地反映其孔几何形状，准确测量其孔宽。但直接观测法测定速度慢，结果代表性和重复性较差，而且试图使用一个或者几个特征尺度值去描述不规则孔的几何特征也是不现实的。因此，催化研究通常采用气体吸附法和压汞法等间接测定法，通过测定流体（如氮气和汞）在孔内的渗透和滞留特性，基于特定的孔分析理论或者模型，分析确定孔形态参数。这一过程等于把被测真实催化剂复杂的孔系统等效为一个流体在其上表现出相同的渗透和滞留行为的具有理想几何形状，如圆柱形、球形或平板狭缝等的模型孔集合。这样得到的孔形态数据是等效模型孔集合的理想孔尺寸分布，只是一种名义值，具有平均或等效的意义，已不再反映真实催化剂内部孔的实际几何特征。显然，等效孔形态数据的获得完全依赖于测定方法（流体分子的性质)和分析理论（所采用的孔模型）。虽然丧失了确定的几何意义，但这一结果恰恰对理解和表征催化剂的吸附能力和催化活性十分有用。因此，用氮和氩低温吸附等温线获得的孔容分布曲线是表征催化剂孔形态的最好手段之一。通过对比规整孔道结构多孔吸附剂的直接和间接观测结果，可以校验孔分析理论或者模型的合理性和准确性。

由于采用的理论和孔模型不同，不同测定方法所得到的孔形态参数往往是不一致的。因此，报告孔尺寸、孔容数据时，需要同时说明测定的实验方法和采用的分析模型。压汞法可应用于测定直径大于 3nm 的开孔系统，但一般应用于测定大孔。中孔和微孔的分析应用气体吸附法。不同孔宽范围的孔分析理论和模型也不一样，中孔使用 BJH 法、t-plot 法等，微孔分析有 D-R 方程、FK、SF、MP 法等。新发展的非局域密度泛函理论方法，可以分析全孔的孔尺寸分布。对于分子不能进入的封闭孔可用小角 X 射线散射或者小角中子散射等方法测定。

3. 颗粒度测定

粒度和颗粒度："颗粒"是指在毫米到纳米尺寸范围内具有特定形状的几何体。多相催化研究的一般是固体颗粒。对单颗粒而言，所谓"颗粒度"就是颗粒的大小。

在多相催化研究领域中，"颗粒"一词所指的对象丰富而复杂。狭义的催化剂颗粒是指人工成型的球、条、片、粉体等模状或不规则形状的具有发达孔系的颗粒聚集体。工业催化剂颗粒度是指在操作条件下，催化剂颗粒不再人为分开的最小基本单元的大小或尺寸。当催化剂颗粒具有显著的几何尺度（如毫米级）和确定的几何特征时（如球体、圆柱体、环、三叶草条等模状），催化剂的尺寸以其实际几何特征尺度标示。

更多的情况下，多相催化研究的"颗粒"以单晶、微粒、粉体及分散在载体上的金属或化合物粒子等分散体系形态出现。其中，原子、分子、离子按晶体结构的规则形成的单晶粒子是"一次颗粒"，它们的尺寸一般是纳米级的。若干晶粒聚集成的大小不一的微米级颗粒是"二次颗粒"。细小固体颗粒的集合是"粉体"。球形颗粒的大小可由其直径独立定义。但是真实颗粒的形状多为不规则体，用一个或者几个尺度数值去描述其尺寸特征是不现实的。因此，表达颗粒大小的方法放弃了采用任何颗粒形状的概念，而是引入了"粒径"或者更准确地以"等效粒径"的概念来表达。即当被测定颗粒的某种几何学特性（投影、体积、表面积）、物理性质（光学电学、质量）或者化学吸附特性等性质与某一直径的同质球体最相近时，就把该球体的直径作为被测颗粒的等效粒径。通常研究的颗粒对象是一个粒子数量庞大的颗粒体系，而且被研究的颗粒并不总是绝对的一样大小，有时大小分布甚至覆盖几个数量级。测量其中单颗颗粒的粒径没有任何意义，需要获得的是关于颗粒体系颗粒平均粒径及粒度分布情况的总体信息。因此，对于颗粒体系，"颗粒度"同时具有平均粒径大小和粒度分布双重含义。颗粒度测定或分析的目的就是获得颗粒体系各种颗粒的大小尺寸特征和分布的数据。

粒度分布：就是用特定的仪器和方法表征出的颗粒体系中不同粒径颗粒占颗粒总数（总量）的比例，反映粒子大小的均匀程度。粒度分布的表达有频率分布和累积分布两种形式。频率分布又称微分分布或区间分布，表示与各个粒径相对应的颗粒在颗粒体系中所占的百分数。累积分布也称积分分布，表示小于或大于某粒径的颗粒在颗粒体系中所占的百分数。

百分数的基准可用个数基准、面积基准、体积基准和质量基准等表示。粒度分布可用简单的表格、图形和函数等形式表示。表格法即用列表的方式给出某些粒径所对应的百分比的表示方法。图形法是在直角坐标系中用直方图和曲线等图形方式表示粒度分布的方法。函数法则用函数表示粒度分布，如 Rosin-Rammler 分布函数、正态分布函数等。

表示粒度分布特性的关键指标有平均粒径，是指通过对粒度分布加权平均得到的一个反映平均粒度的量。

若粒度频率分布函数为 $f(n)=q(x, n)$，x 为粒径，$n=0$，$f(n)$ 为个数分布函数；$n=2$，$f(2)$ 为面积分布函数；$n=3$，$f(3)$ 为体积或质量分布函数，则平均颗粒粒径 $\bar{x}(n)$ 可表示为：

$$\bar{x}(n)=\frac{\int q(x, n)x\mathrm{d}x}{\int q(x, n)\mathrm{d}x}$$

但是更多情况下，只能得到粒度区间分布的数据而非分布函数，这时平均粒径 $D[p,q]$ 可以按下式计算：

$$D(p,q)=\left[\frac{\sum n_i d_i^p}{\sum n_i d_i^p}\right]^{\frac{1}{p-q}}$$

式中，n_i 为颗粒粒径分级第 i 组级区间上的颗粒数，分布区间颗粒下限粒径数值 D_i，区间上限粒径数值 D_{i+1}；d_i 为第 i 组级颗粒的直径典型值，取组级区间几何平均值，即：

$$d_i = \sqrt{D_i \times D_{i+1}}$$

D_{50}：一个样品的累计粒度分布百分数达到 50% 时所对应的粒径。它的物理意义是粒径大于它的颗粒占 50%，小于它的颗粒也占 50%。D_{50} 也称中位粒径或中值粒径。

D_{97}：一个样品的累计粒度分布百分数达到 97% 时所对应的粒径。它的物理意义是粒径小于它的颗粒占 97%。D_{97} 常用来表示粉体粗端的粒度指标。类似地，还可以有 D_3、D_{10}、D_{90} 等。

最频值：就是频率曲线的最高点所对应的粒径值，也称最可几粒径。

边界粒径：边界粒径用来表示样品粒度分布的范围，由一对特征粒径组成，如 (D_{10}, D_{90})、(D_3, D_{97}) 等。

4. 密度测定

密度是物质的质量（m）与体积（V）的比值。对于多孔性的固体催化剂，与其表面积一样，其所占有的体积也因度量方法的不同而具有不同的含义和数值，因此有骨架密度、颗粒密度和堆积密度等子概念之分。对比不同的密度也能揭示催化剂的孔性和颗粒特征。

固体催化剂颗粒堆积时的外观体积实际包括了催化剂颗粒本身骨架体积、颗粒内部孔道及堆积时颗粒之间的空隙所占空间。

$$V_{堆积} = V_{孔隙} + V_{孔} + V_{骨架}$$

式中，$V_{堆积}$ 为催化剂堆积体积；$V_{孔隙}$ 为堆积时颗粒之间的空隙体积；$V_{孔}$ 为颗粒内部开孔所占的体积；$V_{骨架}$ 如为固体骨架体积，包括其中封闭孔的体积。因此，以不同的体积除以质量，所得密度的概念也就不同。

理论密度：理论密度是指在原子水平上具有理想规整结构的固体颗粒的总质量与颗粒体积总和之比。但实际的固体催化剂往往是无定形的多种物质的不均匀混合体，因此，理论密度这一概念对固体催化剂而言并没有多少实际意义。

骨架密度：骨架体积是催化剂颗粒固体骨架及其中包含的封闭孔的总体积。骨架体积的测定基于阿基米德原理。将一定质量的多孔颗粒（粉末）浸入可润湿的液体或气体介质中，当润湿性介质完全进入颗粒的间隙和颗粒内的开孔后，颗粒置换出的介质体积即为颗粒的骨架体积。

$$\rho_{骨架} = \frac{m}{V_{骨架}}$$

颗粒密度：即单个颗粒的密度，是一种表观密度。颗粒体积 $V_{颗粒}$ 由颗粒内的孔体积 $V_{孔}$ 和颗粒骨架 $V_{骨架}$ 两部分组成。

$$\rho_{颗粒} = \frac{m}{V_{颗粒}} = \frac{m}{V_{骨架} + V_{孔}}$$

常压下，汞只能充填颗粒之间的间隙而不能侵入颗粒内部孔，故可用压汞法测得 $V_{隙}$，求算颗粒密度，压汞法测得的颗粒密度也称汞置换密度，该值的大小与压汞法使用的压力有关。

从骨架密度和颗粒密度可求得催化剂颗粒的孔隙率：

$$\theta = \frac{V_{孔}}{V_{颗粒}} = \frac{V_{孔}}{V_{骨架} + V_{孔}} = 1 - \frac{\rho_{颗粒}}{\rho_{骨架}}$$

堆积密度：质量除以颗粒的堆积体积，它也是一种表观密度。

$$\rho_{堆积} = \frac{m}{V_{堆积}}$$

在工业生产实践中,固定床反应器催化剂装填还有袋式装填密度和密相装填密度等概念，分别指采用相应的催化剂装填方式时，工业催化剂在反应器中堆积密度。其中，袋式装填密度是通过一个接在催化剂料斗出口的帆布筒，靠自然重力直接把催化剂倒入反应器中的简单装填方法，适用于催化剂倒入反应器中的简单装填方法，适用于催化剂易积炭、床层易堵塞的反应过程。其缺点是催化剂装填不是很均匀，容易产生沟流和热点。密相装填就是利用专门的装填器，通过空气推进或动能推进的方式将催化剂条均匀地水平分散在催化剂床层截面。密相装填有效地避免了因催化剂条架桥造成的床层空隙，能够强化传质，降低返混、沟流。密相装填密度一般比袋式装填密度大 10%～15%。

5. 催化剂机械强度的测定

催化剂的机械强度是指其抵抗各种外界机械应力作用的能力，具有实际意义。工业催化剂从其生产、运输、装填直至工艺运转要经历多种应力，机械强度是判断其可靠性的重要物性技术指标之一。为保证反应的顺利进行，对于工业催化剂而言，主要关心的还是其在实际工艺运转条件下承受机械应力、磨损和碰撞的能力。固体催化剂的工业应用主要有两种形式：固定床和流化床。因而，固体催化剂的机械强度主要用静态负荷和动态负荷测量。静态时的机械强度主要以抗压碎强度表征；动态时的机械强度则以磨损性能表征。有关的测试方法大多实现了标准化，这些方法的设计原则都是尽可能模拟催化剂在反应器内的实际工况，以保证强度数据对催化剂的应用有充分敏感性。

第二节 催化剂抗毒性及寿命评价

一、催化剂失活与再生

在活性、选择性评价达标之后，紧接着的一个必要考察项目就是催化剂寿命。从开始使用到催化剂活性、选择性明显下降这段时间，称为催化剂的寿命。影响催化剂寿命的因素很多，也较为复杂。固定了催化剂的制法和成型方法之后，影响催化剂寿命的因素大概有：活性组分升华、催化剂中毒、半融和烧结、粉碎、反应副产物的沉积，如积炭等。此外，由于催化剂在操作过程中时常处于恶劣的环境中(如汽车尾气催化剂)，致使催化剂活性逐渐消失。任何会降低催化剂本征活性的化学或物理过程称为失活作用，失活常伴有选择性的变化。催化剂的寿命长短不一，长的有几个月、几年，短的只有瞬间的活性，如催化裂解催化剂。在影响催化剂寿命的诸因素中首先简述催化剂的中毒问题。

1. 催化剂的中毒

中毒现象的本质是微量杂质与活性中心的某种化学作用，形成了没有活性的物种，如：反应原料中含有的微量杂质，使催化剂的活性、选择性明显下降，这就是中毒现象。比如在环己烯加氢反应中，2×10^{-6}mol 的噻吩就可毒化催化剂铂，使其活性降低 70%～80%。

对金属催化剂而言，H_2S、H_3P、CO、CN^-、Cl^- 等是毒物；对裂解催化剂，NH_3、吡啶等是毒物。中毒是由杂质和活性中心的结构所决定的。Fe、Co、Ni、Ru、Rh、Pd、Pt 等金属催化剂，由于它们具有空的 d 轨道，因此能与具有未共用电子对的物质或含有重键的物质作用而发生中毒。试看以下两类物质，第一类对金属催化剂有毒化作用，第二类则无，这显然与它们的电子结构有关。

第一类

$$H:\overset{\cdot\cdot}{\underset{\cdot\cdot}{S}}:H \quad H:\overset{\overset{\textstyle H}{\cdot}}{\underset{\cdot}{P}}:H \quad [O:\overset{\overset{\textstyle O}{\cdot\cdot}}{\underset{\cdot\cdot}{S}}:O]^{2-} \quad H:\overset{\cdot\cdot}{\underset{\cdot\cdot}{N}}:H$$

第二类

$$\left[O:\overset{\overset{\textstyle O}{\cdot\cdot}}{\underset{\underset{\textstyle O}{\cdot\cdot}}{S}}:O\right]^{2-} \quad \left[O:\overset{\overset{\textstyle O}{\cdot\cdot}}{\underset{\underset{\textstyle O}{\cdot\cdot}}{P}}:O\right]^{3-}$$

中毒一般分为两类。第一类是可逆中毒或暂时中毒，这时毒物与活性组分的作用较弱，可用简单方法使催化剂活性恢复。第二类是永久中毒或不可逆中毒，这时毒物与活性组分的作用较强，很难用一般方法恢复活性。如合成氨的铁催化剂，由氧和水蒸气所引起的中毒作用，可用加热、还原方法恢复活性，所以氧和水蒸气对铁的毒化是可逆的，而硫化物对铁的毒化很难用一般方法解除，所以这种硫化物引起的中毒称为不可逆中毒。在复杂反应中，催化剂中毒可能对其中一步的影响要甚于其他各步，因此有意识地添加某种毒物反而可以提高目的反应的选择性，尽管这样会牺牲一些活性。例如由乙烯氧化制环氧乙烷，当催化剂银中含 0.005% 的 Cl 时，可以抑制生成 CO_2 和 H_2O 的副反应，使主反应的选择性相对提高，为此在原料乙烯中可加入适量的有机氯化物。

有关负载型金属催化剂中毒的近期工作发展了"结构敏感失活"的概念，当然，这是出自相应的在负载型金属上的结构敏感反应的概念。因此，随毒物量的不同，中毒过程本身可能对金属的化学计量是结构敏感的。金属的化学计量又随暴露的金属百分数而变。或者说，与未中毒催化剂的行为相比较，反应的表观结构敏感性随毒物量而变。已有实验观察到，某些结构不敏感的反应在中毒条件下也会表现出明显的结构敏感反应特性。研究结构敏感性失活过程的意义在于它有可能依据形态学设计催化剂以诱导对中毒的阻抗，并使活性和选择性最优化。

2. 积炭和烧结

积炭是催化剂失活的另一因素。在烃类的催化转化中，原料中含有的或者在反应中生成的不饱和烃在催化剂上聚合或缩合，并通过氧的重排，逐渐脱去氢而生成含碳的沉积物。积炭中除碳元素外，还含有 H、O、S 一类物质。一般用燃烧除去积炭。

催化剂使用温度过高时，会发生烧结。烧结导致催化剂有效表面积下降，使负载型金属催化剂中载体上的金属小晶粒长大，这都导致催化剂活性的降低。影响负载型金属催化剂上的金属颗粒大小的重要因素与催化剂置于的气氛以及载体的组成有关。例如，在氧化（空气，氧）的气氛中，负载在 Al_2O_3、SiO_2 和 $Al_2O_3-SiO_2$ 的 Pt 催化剂在温度大于 600℃时出现严重的烧结。负载的 Ru 和 Ir，在氧气中当温度为 400℃左右时，即出现严重的烧结。烧结过程导致金属颗粒的增长，反之，通过降低金属颗粒的大小而增加具有催化活性的金属位置的数目，叫做"再分散"。再分散也是已烧结负载型金属催化剂的再生过程。在还原或惰性气体中处理载体上的贵金属没有观察到明显的再分散作用。在同样的温度下，在还原或惰性气氛中的烧结速率要慢得多。

3. 催化剂的再生

催化剂活性的再生对于延长催化剂的寿命，降低生产成本是一种重要的方法。

在流动床或流化床反应器中再生：具有连续引出失活催化剂和连续输入再生催化剂的设备，这要求催化剂在连续或周期性输入失活催化剂的设备中再生。

在固定床反应器或流化床反应器中以连续反应循环方式操作：在反应循环之间，再生能在本体反应器中进行，或者在分开的设备中进行。即用几个反应器平行操作，系统出口处的转化速率可以保持恒定，为了确保这一点，当某些反应器在反应周期时，其他的则正在进行催化剂的再生或者互换。在加工碳氢化合物的工艺中，催化剂失活的原因主要是含碳物质在催化剂上的沉积，即积炭。在这些过程中，再生是通过利用空气或富氧空气使积炭燃烧来实现的。

裂解催化剂的再生是在等温流化床体系中进行的，而对于其他的工艺，再生则是在绝热固定床体系中进行。在后一种情形中，必须知道再生的动力学方程，以便计算燃烧热点的温度增值及其升温的速率，并决定最佳的再生条件，即催化剂在再生中的烧结量为最小的条件。

通常，动力学数据已被凑成关于催化剂中焦炭含量和燃烧气中氧浓度的一级动力学方程。其动力学方程为：

$$\ln(1-x) = -k_r P_{O_2} t = -k_p t$$

其中，$x = 1 - C_C/C_{CO}$，为燃烧后的转化率；t 为时间，min；P_{O_2} 为氧分压，kPa。

但是，在高温或大颗粒尺寸时，再生受空气在催化剂多孔结构中的内扩散限制的影响。

二、催化剂的寿命考察

最直接的考察寿命的方法，就是在实际反应条件下（或接近这些条件）运转催化剂，直到它的活性、选择性明显下降为止。这种方法虽费时费力，但结果可靠。要想在短时间内测定催化剂的寿命是比较困难的，但也有具体的方法估测寿命，这首先要判断出影响寿命的主要因素。如果中毒是影响寿命的主要因素，则可在反应体系中加入已知量的毒物，加到催化剂活性完全消失为止，然后根据加入毒物量及原料气中毒物含量估计寿命的长短。还有将催化剂在高于实际操作的温度下运转以加速其老化，预估其实际寿命。在进行寿命实验中，主要问题是如何加速失活作用，快速而可靠地预测工业装置中催化剂的寿命。为此，在加速催化剂寿命实验中还应根据失活机理确定失活原因，找出加速失活的因素、因素变化的范围，进而得出加速寿命实验方法。同时在加速寿命实验时需要大量的现代实验技术。表 2-2 列出了催化剂失活机理与加速寿命实验的研究。

目前主要应用两种类型的加速寿命实验。第一种称为连续实验（continuous test）或 C 实验，即活性和选择性记录为运转时间的函数，在大量增加了被认为是造成失活的参数后，所有其他的条件与工业反应器中的条件尽可能相似。第二种称为"前-后实验"（before-after test）或 BA 实验，它是在某些适当选择的深度处理之前和之后进行同样的标准操作。然后比较两次实验的催化剂活性及选择性，对机械性能可作类似的比较，所需的设备与 C 实验相同。

显然，对这两种类型的寿命实验来说，最重要的是正确地选择造成催化剂失活的参数。此外，必须适当地选择用于寿命实验的参数值，以便进行合理周期的操作运行。只有在对失活机理作了广泛研究后，才能鉴明这些参数。如果几种失活原因同时存在时，就应分别对它们进行研究。

表 2-2　催化剂失活机理与加速寿命实验的研究

失活的主要原因	测试内容	推荐技术	加速原因	因素变化	寿命实验的类型
化学中毒	表面元素 自由金属表面积	AES，XPS 选择性化学吸附	原料中的毒物浓度	10～100 倍	C（BA）
沉淀中毒	表面形态 自由金属表面积 沉淀元素 孔率 晶相 燃烧	SEM 选择性化学吸附 电子探针 化学分析 氮毛细管冷凝 汞浸入法 XRD 热分析法	温度 原料中的烃浓度 原料中的水含量	25%～50% 50%～100% 50%～100%	C
烧结	总表面积 金属表面积 表明形态 微晶大小	氮气吸附法 选择性化学吸附 SEM XRD，TEM	温度，原料中的反应 杂质浓度	20%～100% 10～100 倍	BA（C） C（BA）
固态反应	晶相 金属氧化态	XPS，EPR， Mossbauer，光谱	温度	20%～100%	BA（C）
活性组分的损失	失去的元素 蒸发动力学	化学分析法 TG	温度 原料的组成	20%～100% 50%～100%	C，BA

　　对催化剂的评价以及经济、环境保护方面的评价，需要实验室提供像活性、选择性、寿命、制造工艺流程等方案资料后，由有关专家进行评价。总之，在实验室研究"成功"一个催化剂，可以说是一个新催化过程开发的最重要的一步，但要把它真正用到工业上去，还要做许多的工作，如扩试、中试等，这就需要催化工作者应用催化技术的进一步工作了。

第三节　典型催化剂表征技术

一、表面分析技术

　　表面科学是 20 世纪 60 年代发展起来的一门学科，现已成为国际上最活跃学科中的一员。催化材料表面的组成、结构及化学状态等与体相有很大的差别，而催化材料表面的特性对材料的化学与物理性能产生影响。当前随着材料科学、能源科学、催化科学、环境科学、信息技术等及其相关产业的快速发展，对表面分析的需求日渐增加。同时，随着计算机技术、超高真空技术、精密机械加工技术、高灵敏度电子测量技术的高速发展，表面分析技术也取得了长足进步。

　　常见的表面分析技术有：X 射线光电子能谱（XPS）、俄歇电子能谱（AES）、紫外光电子能谱（UPS）、低能离子散射谱（IEISS）、二次离子质谱（SIMS）等。而 XPS、UPS、AES 等可在同一台谱仪中实现，用同一个电子能量分析器。

　　两种异态物质之间紧密接触层被称为界面，而物体与真空或气体接触的界面称为表面，现在表面分析方法着重研究的是固体表面，即气-固两相的界面（在特殊情况下也可研究某些特殊的液态物质的所谓表面，如离子液体）。

　　表面层的厚度是指固体最顶层的单原子层或固体外表最上面的几个原子层，说法不一。

一般认为，表面层为一到两个单层（单原子或分子层），表面分析的信息来自零点几纳米到几纳米深处。对金属而言，在表面 $1cm^2$ 表面层区域内约有 10^{15} 个原子，而在 $1cm^3$ 的立方体内的原子总数约为 10^{23} 个原子，所以表面原子占本体原子的百分数为 10^{-6}%。

固体的表面性质在很大程度上受材料固态特性的影响，但表面是固体的终端，是晶体三维周期结构与真空间的过渡区，其物理、化学性质与体相不同。在稳定状态，即动力学与热力学平衡的前提下，表面的化学组成、原子排列、原子振动状态均有别于体相。

由于表面向外一侧无邻近原子，表面上存在不饱和的化学键，形成悬挂键，故表面有很活泼的化学性质。同时固体内部的三维周期结构也在此中断，致使表面原子的电子状态也有异于体相。表面分析技术是研究表面形貌、化学组成、原子结构、原子态、电子态等信息的实验技术。

在通常的大气环境下，一个新鲜的表面很快被组成大气的各类气氛所玷污。当一个物体处于压强 $10^{-4}Pa$、温度 300K、N_2 气氛中，每秒在每平方厘米的表面上会有 $3.88×10^{14}$ 个分子的碰撞，而典型的固体表面约为 10^{15} 个原子/cm^2。所以在压强 $10^{-4}Pa$ 的环境下，几秒就可以盖满一个单层。表面被覆盖满一单层称为 1Langmuir（简称 L），而 1L 约为 $10^{-4}Pa·s$。超高真空范围为 10^{-10}～$10^{-6}Pa$，所以只有在超高真空的环境下才能使一较为真实的表面在相当长的时间内得以保持，以完成一次真正的表面分析。

（一）X 射线光电子能谱（XPS）

XPS 的基本原理就是光电效应，或称为光致发射、光电离。样品被特征能量的光子辐照，测量样品出射的光电子的动能，从中获得所需信息。

原子中不同能级上的电子具有不同的结合能。当一束能量为 hv 的入射光子与样品中的原子相互作用时，单个光子把全部能量给原子中某壳层（能级）上一个受束缚的电子。

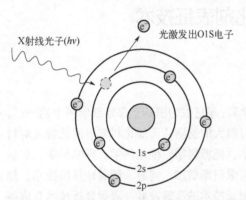

如果光子的能量大于电子的结合能 E_b，电子将脱离原来受束缚的能级，剩的能量转化为该电子的动能。这个电子最后以一定的动能从原子中发射出去，成为自由电子，原子本身则成为激发态的离子。图 2-12 为 X 射线激发氧原子核外 O1S 电子示意图。

进行 XPS 分析的样品是有具体要求的，不是所有样品都可以进行表面分析。如要使谱仪保持良好的状态，则必须拒绝分析带有腐蚀性、强挥发性、强磁性与放射性的样品，且样品尺寸不宜过大，厚度也需控制。

图 2-12　X 射线激发氧原子核外 O1S 电子示意图

① 粉末状样品：用超高真空专用双面胶带粘已干燥的粉体，或把粉体压成薄片（最好），或将硬的颗粒或粉体压嵌入软的纯金属箔（如 In、Al 箔，但需注意 In、Al 箔的纯度、表面污染程度，还要留意 In、Al 材料的各能级 XPS 谱峰的位置），再固定在样品台上，确认粉末不脱落。

② 含有挥发性物质的样品：在样品进入真空系统前必须清除掉挥发性物质，可将样品置于真空烘箱处理。

③ 表面有污染的样品：在进入真空系统前必须用低碳溶剂如正己烷、丙酮等洗去样品表面的油污。最后再用乙醇或乙醚洗掉有机溶剂，再自然干燥。

④ 带有微弱磁性的样品：光电子带有负电荷，在磁场作用下由样品表面出射的光电子就会偏离接收角，最后不能到达分析器。此外，当样品的磁性很强时，会使分析器及样品架磁化。因此，绝对禁止带有磁性的样品进入分析室。一般对于具有弱磁性的样品，可以通过退磁的方法去掉样品的微弱磁性。

⑤ 有机样品：要确定该样品在真空中不再挥发，且能经得起 X 射线的辐照，不分解。如可能需启用冷冻样品台，但需考虑分析室残余气体在样品上吸附的影响。

⑥ 对 X 射线敏感的样品：有的被测样品对光敏感，特别是光电材料，在进入分析室正式录谱前，可能需用 X 射线辐照相当长的时间，使样品表面的荷电稳定。

（二）紫外光电子能谱（UPS）

紫外光电子能谱全称为 ultraviolet photoeleotron spectroscopy（UPS）。20 世纪 60 年代 David Turner 首先提出并成功应用于气体分子的价电子结构的研究中。真空紫外光电子能谱为研究者们提供了简单直观和广泛地表征分子和固体电子结构的方法，主要用于研究固体和气体分子的价电子和能带结构以及表面态情况。角分辨 UPS 配以同步辐射光源，可实现直接测定能带结构。

UPS 的基本原理与 XPS 一样，是基于 Einstein 光电方程。紫外光电子能谱是利用真空紫外光子照射被测样品，测量由此引起的光电子能量分布的一种谱学方法。图 2-13 显示紫外光电子能谱仪的基本构成。紫外光子激发气体分子（原子）价轨道电子或激发固体中价带电子，即获得反映这两个体系的价电子结构的 UPS 谱。

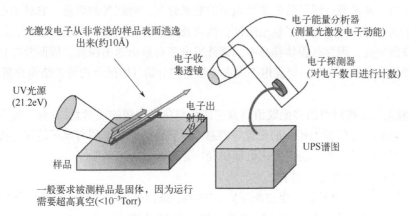

图 2-13　紫外光电子能谱仪构成示意图

1Torr=133.322Pa

对气体分子（原子）体系的光电离：能量为 $h\nu$ 的入射光子从分子中激发出一个电子以后，留下一个离子，这个离子可以振动、转动或以其他激发态存在。

如果激发出的光电子的动能为 E_K，则

$$E_K = h\nu - I - E_v - E_r$$

式中，I 为电离电位，把原子中的外层电子从基态激发至无穷远处，即脱离原子的束缚，使原子成为离子所需要的能量称为电离电位，其能量范围在紫外光子能量区域内。E_v 为分子离子的振动能，E_v 的能量范围是 0.05～0.5eV；E_r 为转动能，E_r 的能量更低，至多只有千分之几电子伏，目前无法测得。E_v 比 1 小得多，只有用高分辨紫外光电子谱仪（分辨能力为 10～

25meV），才能观察到振动精细结构。

在忽略分子、离子的平动能与转动能前提下，紫外光子激发固体表面的价带电子能量满足下式：

$$E_K = hv - E_b - \varphi$$

式中，E_K 为出射光电子动能，eV；hv 为入射紫外光光子能量，eV；E_b 为出射光电子结合能，eV；φ 为逸出功。

UPS 的工作原理及所用仪器与 XPS 一样，只是所用激发源为紫外光，而紫外光的能量远低于 X 射线，线宽较窄（约为 0.01eV，单色化可达 1meV），只能使原子的外层价电子、价带电子电离，可分辨出分子的振动能级（约 0.05eV）甚至是转动能级（约 0.005eV）等精细结构。作为 XPS 手段的重要补充，UPS 被广泛地用来研究气体样品的价电子和精细结构及固体样品表面的原子、电子结构。

UPS 的谱带结构和特征直接与分子轨道能级次序成键性质有关，因此对分析分子的电子结构是非常有用的一种技术。UPS 谱仪除光源外，其余配置都与 XPS 谱仪一样，所以这两者一般共处同一台谱仪。

关于紫外光源，一般的 UPS 采用的光源是惰性气体放电中产生的共振线，惰性气体有He、Ne、Ar、Kr、Xe 等。其中，UPS 光源最常用的惰性气体是 He，其中 HeⅠ辐射来自中性原子的跃迁，HeⅡ辐射来自一次电离的离子。由于这类光子的能量能激发所有固体物质中的价带电子，所以没有可透过的窗口材料可采用。而在大气气氛中这类光子又会被吸收，故只能在真空环境下使用，称为真空紫外。

紫外光电子能谱通过测量价壳层光电子的能量分布，得到各种信息。它最初主要用来测量气态分子的电离能，研究分子轨道的键合性质及定性鉴定化合物种类。现在它的应用已扩大到固体表面研究，因为在固体样品中，紫外光电子有最小逸出深度，因而紫外光电子能谱特别适于固体表面状态分析。可应用于表面能带结构分析（如聚合物价带结构分析），以获得价带谱。

UPS 测定可获得材料的功函数值（真空能级与费米能级的能量差）、分子最高占据轨道（HOMO）与最高占有态（HO）的位置等信息，用于表面原子排列与电子结构分析及表面化学研究（如表面吸附性质、表面催化机理研究）等方面。

UPS 与 XPS 的简单比较如下。

① UPS 入射光子能量低，穿透深度比 XPS 浅，适用外层电子轨道研究，而 XPS 则适合内层。XPS 测得的电子信息深度约 30 个原子层，而 UPS 则更加表面敏感，约 10 个原子层。

② 在采录价带谱时，UPS 录谱的强度与分辨率均优于 XPS。

③ 正是因为 UPS 有较高的分辨率（一般本征线宽 0.01eV），对样品表面吸附的气体能分开分子振动能级（约 0.05eV），如果使用单色化 X 射线源甚至能分开分子的转动能级（约 0.005eV）。当然，在进行 XPS 分析样品时，样品表面吸附的气体分子中原子内层电子被激发后留下的离子也存在振动与转动激发态，但出射的内层电子结合能比离子的振动能与转动能高许多，X 射线的本征线宽又比紫外光宽许多，所以就无法分辨出振动或转动的精细结构。因此，可以说在当前几种成熟的电子能谱方法中，仅有 UPS 才能研究分子的振动结构。

④ 在 XPS 分析时，当由于原子的化学环境发生变化时，一般只可发现内层电子能级的化学位移。而 UPS 主要涉及分子的价壳层电子能级，成键轨道上的电子属于整个分子，故谱峰较宽，不易精确测到化学位移，一般是靠谱峰形状变化来判别。

UPS 研究固体表面时，所测得的光电子能量分布不直接代表其状态分布。然而可以通过简化的数学模型计算来解释光电子能量分布与状态分布的关系。真正严谨的 UPS 解释要涉及分子轨道理论，而这就需要进行繁复的量子化学计算，所以清晰地解释 UPS 谱要比解释 XPS 谱难。

UPS 实验要点如下。

① 样品表面的洁净程度：正是因为 UPS 涉及的是分子价壳层的电子能级，成键轨道上的电子属于整个分子，同时大多数原子的价电子都出现在这能量区域，所以就要求被测的样品必须表面洁净，不然样品表面污染物（碳、氧等）的价电子线会影响测试结果。

② 严格地讲，绝缘样品特别是粉末状绝缘样品不适合进行 UPS 实验，因为表面有无法去除的污染层。

③ 导电样品与样品台需良好的电接触(接地)：进行绝缘衬底上导电薄膜的 UPS 测试时，需将导电层接地。

UPS 其他需要注意的实验要点如下。

① 仪器分析室的真空度与残余气体组成，系统真空度应优于 10mbar（1bar=10^5Pa）。

② 合适负偏压的选择，一般选–5V。

③ 能量分析器透镜部分上下光阑的选择与调节。

④ 气源的纯度优于 99.99%；气路管道要短，无泄漏。

⑤ UV 束斑较大，达 mm 级，故样品不宜过小。

⑥ 需考虑 UV 对样品表面的副效应。

（三）俄歇电子能谱（AES）

俄歇电子能谱全称为 Auger electron spectroscopy（AES），是当今重要的表面化学分析工具。1923 年，法国物理学家 Pierre Auger 发现在 X 射线轰击下由于气体电离引起电子的 β 发射，并在 Welson 云室中观察到了俄歇电子的径迹。这种电离过程可以由电子激发，也可与 P. Auger 相同使用光子激发，前一种情况通常称为俄歇过程，而后一种情况称为光子诱导的俄歇电子过程。

当年 P. Auger 发现了 Auger 电子，但因其信号太弱，一直未受重视。到 1967 年 Harris 采用微分法和锁相放大技术，才大大提高了对俄歇信号的检测能力。1969 年 Palmberg 采用镜型电子能量分析器，使俄歇电子能谱仪的性能有了很大提高。

开始，AES 仪都采用锁相放大器，录得的是 AES 微分谱；随着微电子与计算机技术的发展，现可直接采录高信背比的 AES 积分谱。AES 有很高的表面灵敏度，采样深度比 XPS 浅，适合表面的定性与定量分析，也可用于表面元素化学态的研究。新型 AES 谱仪的电子束束斑直径已小于 10nm，适合微电子与纳米材料分析。

AES 分析原理如下。

Auger 电子产生过程较复杂，涉及三个电子跃迁过程。当足够能量的粒子（光子、电子或离子）与原子碰撞时，原子内层轨道上的电子被激发后产生空穴，成为激发态正离子。激发态正离子不稳定，需通过退激发（弛豫）回到稳态。在退激发过程中外层轨道的电子向该空穴跃迁并释放能量，该能量以非辐射弛豫形式发射出同轨道或更外层轨道的电子，这就是 Auger 电子，其能量不依赖于激发源的能量与类型，如图 2-14 所示。

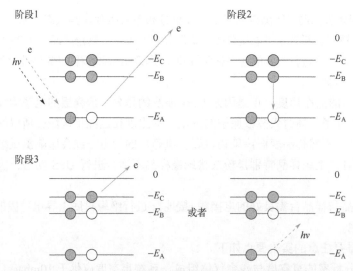

图 2-14 产生 Auger 电子的三电子跃迁过程（阶段 3 右侧为荧光过程）

其实，初级电子轰击样品时会发生除出射 Auger 电子外的其他过程，有次级（二次）电子、背散射电子与发射特征 X 射线（荧光），但由于能量在千伏的 Auger 电子有较短的衰减长度，故仅前几个原子层（2~10 层）出射的 Auger 电子能逃逸出。所以与 XPS 相比较，AES 更适合表面分析。Auger 电子的动能在 XPS 分析中出射光电子的能量一般以结合能表示，而在 AES 分析中 Auger 电子的能量则以动能表示，而且对各能级的命名也有区别。

AES 分析除能获取样品表面组成元素信息外，还能得到表面元素的化学态信息，有时甚至优于 XPS 分析。AES 技术对样品有要求，通常仅分析固体导电与半导电样品，如绝缘样品表面的导体（印刷电路板、LCD、集成电路、磁头等）、导体材料表面的绝缘体（Si 片、金属表面的粉末样品等）、导体/绝缘体界面（金属/陶瓷结合面等）。测试时，样品的导电层均需良好地接地。

部分绝缘样品经特殊处理后也能进行分析。

① 小绝缘颗粒镶嵌在纯软金属箔中，如铟、铝等。

② 表面加盖金属导电筛网，电子束从网孔穿过。

③ 减薄样品，降低其绝缘性。

④ 低能正离子中和表面负电荷。

总之，目前 AES 在表面分析中应用极广，仅次于 XPS。其采样区域小，空间分辨率高，特别适合微电子器件的分析、薄膜材料及某些功能材料的失效分析。

（四）离子散射谱（ISS）

离子散射谱全称为 ion scattering spectroscopy（ISS）。1967 年 D.P. Smith 首先提出 ISS 这种表面分析方法，Smith 使用 He、Ne 和 Ar 作为离子源，离子能量在 0.5~3.0keV 之间。样品靶是多钼和镍，得到了从基质表面原子和吸附物质（如氧和碳）散射的谱峰。同时，Smith 还对吸附在银上的一氧化碳进行了研究，由碳峰和氧峰的相对高度推导出 CO 的吸附结构信息。之后，Smith 又根据峰的相对高度，识别出硫化镉单晶的镉面和硫面，这表明低能离子散射不仅能分析表面的化学组成，还能进行表面结构分析。从此，ISS 成为表面科学界公认的一种表面分析手段。

离子散射谱分为低能离子散射谱（ISS 或 LEISS），中能离子散射谱（MEISS），高能离子散射谱（HEIS 或 RBS 卢瑟福背散射）。一般多功能电子能谱仪常配的为 LEISS，即统称为 ISS。其离子源的动能为 200eV～3keV。

已知质量（m_1）和能量（E_0）的一次离子轰击到靶样品表面原子（质量为 m_2）后，在固定散射角（θ）处测量弹性散射后的一次离子的能量（E_1）分布，即可获得有关表面原子的种类及晶格排列等信息。这样，ISS 可以确定表面原子的质量与结构。图 2-15 为 ISS 过程示意图。

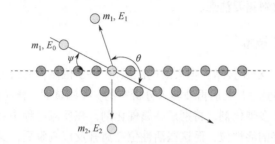

图 2-15 ISS 过程示意图

（五）XPS 技术进展简介

1. 准原位 XPS 技术

在谱仪的分析室前加入一个或多个样品处理室，在其中通入不同气氛并改变温度来处理样品材料，结束反应后，直接抽真空将样品转移至分析室中进行分析，称为准原位 XPS（ex situ-XPS）技术。

利用准原位 XPS 技术，样品可以在经过气氛和加热处理之后，在不暴露空气的情况下转移到分析室中，研究者可以得到更接近材料最终状态的信息。这类技术在研究催化剂反应前后表面价态变化时更为实用，也是目前众多研究者们通常采用的研究技术。

表面分析中样品预制备方法有多种，如预反应、预还原、预吸附、预氧化及真空镀膜法制备模型催化剂等，这里仅介绍用准原位 XPS 技术对材料进行预处理。由于表面分析只能在超高真空条件下进行，而大多重要的催化反应一般都要在高于约 0.01MPa 的压力下才能以可测量的速率发生，因此，要检测处于工作态或在预处理态的催化材料的表面性质，需要将催化材料上的气体压力降低约十几个数量级，同时又要保持其原有的表面化学性质，这几乎是不可能的。

为使催化材料在 UHV 系统中进行表面分析时尽可能保持高压反应状态或预处理状态的结构特征，特别是要避免样品在离开预处理、吸附或反应气氛环境转移到 UHV 分析室过程中，暴露于空气而改变甚至完全破坏其表面状态。

处理样品需注意的细节如下。

① 由于要抽排非惰性气氛，一定要选用合适的真空泵。

② 反应气体的纯度及配比宜掌控，以接近实际反应要求。

③ 到达预处理温度时的恒温时间需控制，使样品得到完全的处理。

④ 选择合适的降温抽空温度点。

⑤ 制备室与分析室的压强由残余气体产生，不应有氧化性气氛。

⑥ 进行表面分析前的停留时间要尽量短，要迅速抽空，尽快进行分析。

测试前，要清楚催化材料的特点。

① 催化材料大都为粉末，建议将其压成致密的片状。

② 样品表面活性组分的相对含量都比较低，采集数据需时较长，要注意 X 射线对样品表面的副效应。建议选低分辨、高灵敏度的实验参数，快速先测一遍。

③ 催化材料大都是多孔，进入系统抽空时间较久，最好在进样前先作预除气处理，对使用过的或失活的催化材料更要注意。

2. 原位近常压 XPS 技术

前面介绍了准原位 XPS 技术，但常规的准原位 XPS 依然存在缺陷。测试的样品是在处理完成（包括降温与抽真空）之后再被转入分析室的，在测试时，样品已经脱离了反应氛围。目前有研究已经证实许多催化剂，特别是金属催化剂，在反应过程中会发生重构，这些重构产生的物种可能是真实的活性位，而这些活性位在离开反应气氛后，又可能消失，回到了初始状态。这时，采用准原位 XPS 去测试处理完成的催化剂样品所收集到的信息已经与真实反应中的催化剂不同了，会造成不容忽视的误差。

为了解决上述问题，研究者们改进了 XPS 装置，直接用 X 射线照射反应气氛下的样品，利用静电场或电磁复合场形成的电子透镜来聚焦生成的光电子，并采用各级真空泵抽走反应气，形成一个气压梯度，在达到一定真空度后再检测光电子的信号。这样一来，所检测到的信号为样品在反应时所发出的，真正实现了气氛条件下的 XPS，即 APXPS 表征。但目前反应气氛的压强仅能达 25mbar，特殊的能达 50mbar。

该技术填补了超高真空和真实条件间巨大压强差的空白，原位研究材料表面的化学变化对催化反应、金属材料改性与腐蚀、电化学过程等的研究都有独到之处。

3. 脉冲 XPS 技术

脉冲 XPS（pulse-dynamic XPS）技术是一项快速采谱技术，仪器外表与普通 XPS 谱仪没大的差别。其关键在于测试时的高 X 射线功率，单色化 Al K_α 功率达 600W，射线束斑小；而一般 XPS 谱仪在测试时单色化 Al K_α 功率为 100W 左右。当然，X 射线功率高，阳极靶与灯丝的寿命都会缩短，故要求更换方便。另外，其探测器是高灵敏度的多层微通道板。该仪器配上程序升温样品台，能进行样品热还原过程中化学态变化的研究。脉冲 XPS 的快速采谱的确大大缩短了测试的时间，但作用于样品表面的光子密度过高。

二、体相分析技术

（一）光谱及衍射技术

1. 多晶 X 射线衍射分析

衍射法测定晶体结构是认识物质微观世界最重要的途径和权威方法之一。通过晶体结构的测定，可以了解晶体中原子、分子的三维空间排列，获得有关成键、原子分子相互作用的微观信息，从而进一步阐明物质的性质并研究其变化规律，为化学、物理学、材料科学、生命科学等学科的发展提供基础。单晶衍射是结构测定的常规手段，有完善的理论和行之有效的测试和解析方法。然而，在研究工作中，很多物质难以得到合适的单晶样品，更重要的是，绝大多数的材料体系，例如，典型的催化材料需要研究的就是其多晶状态，因此，多晶衍射（也称粉末衍射）便成为研究中不可或缺的手段。多晶 X 射线衍射（XRD）实验相对易于实现，该方法也是所有衍射法中应用最广泛的一种。图 2-16 是一种典型的 XRD 谱图。

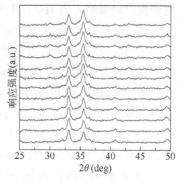

图 2-16　典型的 XRD 谱图

多晶衍射与单晶衍射遵循相同的晶体学原理。但与单晶衍射相比，多晶衍射相当于将三维倒易空间的单晶数据变化为以晶面间距（d）值为变量的一维数据，也就是说，d 值相同的衍射会完全重合，d 值相近的数据会发生重叠。因此，多晶衍射方法和技术与单晶既有类似之处，也有其特殊之处。典型的多晶 X 射线衍射图中，以 2θ 为横坐标，衍射强度为纵坐标。在多晶 X 射线衍射图上，可以直接读出的信息是：衍射峰的位置、衍射峰的强度和衍射峰的形状，这些信息均能反映晶体的特征。利用多晶衍射数据，可以得到样品的物相组成与含量、晶体的点阵参数、晶粒大小等信息，多晶衍射也可以应用于结构分析——采用 Rietveld 方法进行精修确认结构，甚至可以进行晶体结构的从头确定。

多晶衍射最基本的功能就是进行固体样品的物相分析。X 射线衍射物相分析的依据，可从两个方面考虑。首先，任何一个结晶的固体化合物都可以给出一套独立的衍射图谱，其衍射峰的位置及强度完全取决于此物质自身的内部结构特点。晶胞参数不同，晶面不同，对射线衍射方向也不同，衍射角不同，各衍射峰的强度由晶体中的原子分布方式决定。其次，物质不会因为与其他物质混合而引起衍射的变化，即混合物中各物相的衍射互不干扰，彼此独立，衍射图谱是各组成物质物相图谱的简单叠加，因此可用衍射图谱来鉴别晶态物质——将待检物相的衍射图谱与已知物相的衍射图谱相比。每种晶态物质都有其独特的衍射图谱，二者之间存在一一对应的关系，这就是 XRD 进行物相定性分析的依据。

1938 年，J. D. Hanawalt、H. Rinu、L. K. Frevel 三人收集了 1000 种物质的衍射图谱，并以 d-I 数据组代替衍射图谱，制作了衍射数据卡片。1942 年，美国材料与测试协会（American Society for Testing and Materials，ASTM）将收集到的衍射数据汇编成 1300 张卡片正式出版，简称为 ASTM 卡片。到 1972 年，ASTM 卡片已出版 22 组，其中 1～6 组是 20 世纪 50 年代初的，有机物卡片与无机物卡片分开装盒，7～22 组有机与无机卡片统一编排，每组卡片前面部分为无机物，后面是有机物，与此同时出版了相应的索引。1972 年之后，美国、英国、法国、加拿大等国组织起来成立了粉末衍射标准联合委员会（Joint Committee on Powder Diffraction Standards，JCPDS），编辑和出版粉末衍射卡片，简称为 JCPDS 卡，卡片内容和形式均与 ASTM 卡片一致。后来将卡片装订成书以便于查阅，称为粉末衍射文件（powder diffraction files，简称 PDF 卡片）。目前，该数据卡片由位于美国的国际衍射数据中心负责收集和管理，称 ICDD-JCPDS 卡，也简称 CDD 卡。JCPDS 卡片作为一种重要的信息来源，能够从衍射卡片上了解物相的基本信息，如晶体学数据、物性数据等。

物相定性分析的步骤如下。

① 按要求制样并获得衍射数据。

② 通过衍射峰的位置根据布拉格方程计算 d 值，读取强度数据，计算相对强度 I/I_1（衍

射强度以最强峰 I_1 为 100，其他峰根据 I/I_1 的比值取值）。

③ 用字母或数字索引检索 PDF 卡片。

④ 找出相应的卡片进行比对，判定唯一准确的 PDF 卡片。

在定性分析中，需要注意以下问题。

① 实验数据与 PDF 卡片上的数据通常不完全一致，如面间距 d 值和相对强度 I/I_1 值。在进行数据对比时，d 值的符合比相对强度符合更重要，相对强度值只作参考。

② 对于不同晶体，在低角度，d 值一致的机会很少，而在高角度不同晶体间衍射峰相似的机会较大。因此在相分析中低角度区的衍射与卡片数据的符合比高角度区的符合更重要。

③ 在多相混合样品中，不同相的某些衍射峰可能互相重叠，因此某些强线实际并不是某一物质的强衍射。如果以其作为最强线进行分析，就难以得到符合的结果。混合相样品的分析是一项非常细致的工作，一般要经过多次尝试。

④ 有些物质的结构相似，点阵常数有不大的差别，原子散射能力也很相似，这时它们的衍射峰差别很小。分析时必须和其他实验方法，如化学分析、电子探针、能谱分析等相结合，才能得出正确结果。

⑤ 不同编号的同一物质的卡片数据以发表较晚卡片上的数据为准。

⑥ 混合试样中某相的含量很少或该相的衍射能力很弱时，在衍射花样上该相的花样显示不出来，因此无法确定该物相是否存在。所以这种方法只能确定某相的存在，而不能确定某相的绝对不存在。

粉末 XRD 物相分析，不破坏原样品，快捷方便且准确度高，是固体分析最基本的方法。这一方法的局限性在于灵敏度低，当混合物中其物相含量低于 3%时，就很难鉴定出来。样品的衍射图谱质量与物相的衍射能力有关，当样品中某些物相含有重原子，而另外样品为轻原子（C、H、O、N）组成，则轻原子组成的物相更不易鉴别，以致有的物相含量到 40%还鉴别不出来。若物相太多，衍射线重叠严重，也不易鉴定，应采用适宜的方法（重力、磁力等）使某些物相富集或者分离，再分别鉴定。利用 X 射线衍射做物相分析时，通常要和其他分析如化学分析、光谱、X 射线荧光等相互配合。

多晶 X 射线衍射法也是进行物相定量最得力的工具。物相定性分析是物相定量分析的出发点，只有确认了样品中含有指定的物相，物相定量才有意义。利用 X 射线衍射进行定量分析时，某一物相的衍射强度随其含量的增加而提高，但是由于吸收作用的影响，含量与强度之间不是简单的正比关系，因此需要进行合理的处理分析。采用 XRD 进行物相定量分析的方法有外标法、内标法、参比强度法等，在实际工作中，最常用的还是内标法和参比强度法。

在利用 X 射线进行物相定量分析时，要注意以下问题。

① 根据样品情况仔细进行处理和制样，样品尽可能细，通常粒度要小于 15μm；尽可能消除样品的择优取向。

② 合理选择衍射条件：管压、管流、狭缝、扫描速度、扫描区间，处理数据审慎，必要时重复测试。

③ 衍射峰强度用积分强度且要有足够大的计数；如果用峰高代替积分强度，要注意仪器型号与实验条件。同种型号仪器的峰高与峰宽的比值随 2θ 变化相同，而不同型号仪器的峰高与峰宽的比值随 2θ 变化不同，因此用峰高代替积分强度得到的校正曲线只能在同一型号的仪器上通用。若用积分强度得到校正曲线，不同型号的仪器也可以通用。若欲测组分的晶粒大

小在 200nm 以下，并且不同样品的晶粒大小不一样时，就不能用峰高来代替积分强度。

④ X 射线衍射物相定量分析的灵敏度约 5%。如果衍射得出某物相的含量较高，一般表明该物相的确存在；如果分析出的含量低，或者含量很低无法给出，则需要仔细分析该物相是否存在，结合样品来源或制备方法、结合化学分析的数据及其他分析表征数据做出判断。

2. X 射线吸收精细结构技术（X-ray absorption fine structure technique；XAFS technique）

从 20 世纪 70 年代开始，基于同步辐射的 X 射线吸收谱学技术逐渐发展成熟，并迅速成为研究凝聚态物质结构的新工具，尤其是在多相催化领域有重要应用。其中，X 射线精细结构吸收谱（XAFS），包括近边吸收结构（XANES）和拓展边吸收结构（EXAFS），已经成为材料科学和催化领域重要的表征工具。XAFS 技术对中心吸收原子的局域结构和化学环境十分敏感，因而能够在原子尺度上表征某原子邻近几个配位壳层的结构信息。除了同步辐射技术外，荧光 XAFS 也可以用于研究百万分之几低浓度的样品和几个原子层厚度的薄膜样品，磁 XAFS 用于研究材料的电子自旋状态，高温和高压的原位 XAFS 研究材料的相变过程，空间分辨 XAFS 研究材料的微区结构，时间分辨 XAFS 研究反应的动力学等。

相比于 X 射线衍射，XAFS 仅仅对于吸收原子周围局域结构敏感，样品可以是固体、液体甚至是气体。XAFS 方法对样品的形态要求不高，可测样品包括晶体、粉末、薄膜以及液体等，同时又不破坏样品，可以进行原位测试，具有其他分析技术无法替代的优势。EXAFS 是指吸收系数在吸收边高能侧 30～1000eV 范围出现的振荡；XANES 是指吸收边前的 20eV 到吸收边后 50eV 的一段近边区域，其特点是连续的强振荡。由于其信号幅度远大于 EXAFS，所以低含量的样品或不理想的样品都有可能获得有分析价值的 XANES 信息。

由于多体效应，虽然目前尚无一个理论方法可以完整地解释 XANES，但是基于多重散射的单电子近似的 XANES 框架及从头计算方法可以较好地分析结构畸变、轨道杂化、化合价态以及精确拟合原子位置等问题，是目前普遍被接受的主要分析方法。基于线性组合方法进行 XANES 分析，也在一定的范围得到应用。利用若干模型化合物的标准谱，通过线性组合的计算，可以获得待测样品中价态和/或相的混合比率关系。尽管对于 XANES 的完整的物理解释尚未建立，作为半定量的、经验的分析工具，XANES 也具有重要的应用。

高强度同步辐射光源的发展及在 XAFS 实验中的应用，革命性地提高了实验数据的质量及采谱时间，使 XAFS 方法发展成为一种实用的物质结构的分析方法。XAFS 信号是由吸收原子周围的近邻结构决定的，所以它提供的是小范围内原子簇结构的信息，包括近邻原子的配位数、原子间距、热扰动等几何结构以及电子结构。由于它并不要求研究对象必须具有长程有序结构，XAFS 的样品可以用晶体、非晶体，可以是固体、液体、熔体等，甚至是气体；可以是单一物相，也可以是混合物等。使用样品的广泛性决定了它适用范围的广度。XAFS 测定的是原子簇的结构，许多材料的特征正是由于这一小范围内原子簇结构决定的。此外，某些适用 XAFS 研究的样品状态难以用其他方法测定，因而 XAFS 方法备受重视，发展迅速，成为多种研究领域及应用方面广泛使用的一种物质结构分析方法。

EXAFS 技术用于催化领域的研究主要有以下特点和优点。

① EXAFS 现象来源于吸收原子周围最邻近的几个配位壳层作用，决定于短程有序作用，不依赖于晶体结构，可用于非晶态物质的研究，处理 EXAFS 数据能得到吸收原子邻近配位原子的种类、距离、配位数及无序因子。

② X 射线吸收边具有原子特征，可以调节 X 射线的能量，对不同元素的原子周围环境分别进行研究。

③ 吸收边位移和近边结构可确定原子化合价态结构和对称性等。

④ 利用强 X 射线或荧光探测技术可以测量几个 ppm 浓度的样品。

⑤ EXAFS 可用于测定固体、液体、气体样品，一般不需要高真空，不损坏样品。

（二）热分析技术

1. 化学吸附和程序升温技术

吸附是基本的表面现象之一，它不仅是了解许多主要工业过程的基础，而且是表征固体催化剂颗粒表面和孔结构的主要手段。更重要的是，吸附是催化反应的基元步骤之一，通过它可以研究固体催化剂的结构性质和反应动力学，是研究固体催化剂的主要方法。

吸附的发生是由于吸附质物质分子与吸附剂表面发生相互作用。根据这种相互作用的强弱分为两大类：物理吸附和化学吸附。物理吸附与化学吸附的主要差别见表 2-3。

表 2-3　物理吸附和化学吸附的比较

项目	物理吸附	化学吸附
作用力	范德华力引起，无电子转移	共价键或静电力引起，有电子转移或共享
吸附热	吸附热较小（10～30kJ/mol）	吸附热较大（50～960kJ/mol）
吸附的选择性	无选择性	特定的或有选择性的
吸附物脱除	用抽真空可除去物理吸附层	同时利用加热和抽真空的办法才有可能除去化学吸附层单层吸附
覆盖情况	低于吸附气体临界温度是发生多层吸附	单层吸附
吸附温度	仅在临界温度是明显发生	通常在较高温度时发生
吸附快慢	吸附速率很快，瞬间发生	吸附速率可慢可快，有时需要活化能
分子吸附特征	整个分子吸附	通常解离成原子、离子或自由基
吸附剂影响	吸附剂影响不强	吸附剂有强的影响
界限	许多情况下二者界限并不明显	

可以看出，物理吸附的吸附热很低，接近于吸附质的冷凝热。物理吸附时不会发生吸附质的结构变化，而且吸附可以是多层的，以至于吸附质能充满孔空间。高温下一般很少发生物理吸附。物理吸附通常是可逆的，吸附速率很快，以至于无需活化能就能很快达到平衡。与化学吸附不同，物理吸附没有特定性，能自由地吸附于整个表面。物理吸附的这些特点特别适合固体颗粒的表面积和孔结构测量。而化学吸附则是有选择性的单层吸附，需要高的吸附热，在吸附质分子与表面分子间有真正的化学成键，因此一般是不可逆的。这些特点使化学吸附常用于研究催化剂活性位的性质和测定负载金属的金属表面积或颗粒大小。

多相催化过程是通过基元步骤的循环将反应物分子转化为反应产物的过程。一般来说，催化循环包括扩散、化学吸附、表面反应、脱附和反向扩散五个步骤。在化学吸附与多相催化关联的长期研究中，归纳出以下两个经验规则。

① 一个催化剂产生催化活性的必要条件，是至少有一种反应物在其表面上进行化学吸附。也就是说催化剂只有当其对反应物分子（至少是一种）具有化学吸附能力时，才有可能催化其反应。

② 为了获得良好的催化活性，催化剂表面对反应物分子的吸附要适当。多相催化需要的是弱并且快速的化学吸附。单位表面上的反应速率和在相同覆盖度时与反应物的吸附强度成反比。

由上可以看出，化学吸附是多相催化过程中的一个重要环节，而且反应物分子在催化剂表面上的吸附，决定了反应物分子被活化的程度及催化过程的性质，如活性和选择性。因此，研究反应物分子或探针分子在催化剂表面上的吸附，对于阐明反应物分子与催化剂表面相互作用的性质、催化作用的原理及催化反应的机理具有十分重要的意义。

① 吸附等温模型

吸附平衡可用等温式、等压式或等量式表示。吸附等温式是比较常用的，它可由一定的表面和吸附层的模型假定出发，通过动力学法、统计力学法或热力学法推导出来。

a. Langmuir 吸附等温式

Langmuir 吸附等温式又称单分子层吸附理论，是建立在理想表面和理想吸附概念的基础上，反映了理想吸附的规律。Langmuir 吸附等温式有以下 4 个假设：

吸附只能发生在空吸附位上；

每个吸附位只能吸附一个分子或原子，也就是说当吸附分子达到单分子层时表面达到饱和覆盖度；

吸附热与覆盖度无关，也就是说被吸附分子之间无相互作用；

吸附和脱附过程一般处于平衡状态。

在平衡条件下，吸附速率和脱附速率相等，因此：

$$r_{ad} = \sigma f(\theta) e^{-E_{ad}/RT} p / (2\pi m k_b T)^{1/2} = r_{des} = k_{des} f'(\theta) e^{-E_{des}/RT}$$

可以得到：

$$P = \frac{k_{des}(2\pi m k_b T)^{1/2}}{\sigma} \cdot \frac{f(\theta)}{f'(\theta)} \cdot e^{\frac{Q_{ad}}{RT}} = 1/K = k_{des} f'(\theta) \cdot \frac{f(\theta)}{f'(\theta)}$$

在非解离吸附情况下：

$$f(\theta) = 1 - f'(\theta)$$
$$f'(\theta) = \theta$$

可以得到：

$$P = \frac{\theta}{K(1-\theta)}$$

$$\theta = \frac{n}{n_m} = \frac{KP}{1+KP}$$

如果将 θ 用实验可测定的物理量——吸附量 V 和饱和吸附量 V_m 表示，$\theta = V/V_m$，则上述等温线方程可以化为实验可以测定的线性方程：

$$\frac{P}{V} = \frac{1}{KV_m} + \frac{P}{V_m}$$

P 和 V 可由实验测定，根据实验结果作 P/V–P 图，得一直线，由斜率求出 V_m，这就是单分子层饱和吸附量。由它可得出表面上吸附位的数目，由上式截距，可求出吸附平衡常数 K，它是与吸附热有关的常数。

实验结果表明均匀表面上的单位吸附，为一个分子在一个吸附位上的吸附，其吸附热不随表面覆盖度变化。例如 H_2 在金属表面上的吸附，为双位吸附，一个分子与两个吸附位点作用，其 Langmuir 公式可以表示为：

$$\frac{P^{\frac{1}{2}}}{V} = \frac{1}{K^{\frac{1}{2}}V_m} + \frac{P^{\frac{1}{2}}}{V_m}$$

如果一个分子与表面上 n 个吸附位作用，Langmuir 吸附等温线方程可以表示为：

$$\theta = \frac{(KP)^{\frac{1}{n}}}{1+(KP)^{\frac{1}{n}}}$$

Langmuir 当初从动力学概念得到的方程式，后来从统计热力学得到了严格的证明。只要满足上述 4 条基本假设，Langmuir 公式的规律一定会得到。即使是在比较复杂的吸附情况下，它仍是吸附过程规律的基础。就像其他理想定律一样，Langmuir 定律也带有近似的性质，它反映的是理想吸附层的概念。

b. Freundlich 吸附等温式

绝大部分固体表面的性质是不均匀的。在不均匀表面上的吸附，特别是在低的平衡压力下，Langmuir 吸附等温线方程不能描述实验结果。在这种情况下应用 Freundlich 从经验归纳出的等温式有时却相当有效。这一表达式为：

$$\theta = cP^{\frac{1}{\alpha}}(\alpha > 1)$$

式中，c 和 α 为常数，都与温度有关，一般随温度的升高而减小。

因为 Freundlich 吸附等温式也是压力的幂函数，因此在很宽的压力范围内该等温式和 Langmuir 等温式是非常类似的。

Freundlich 等温式也能用统计热力学方法从理论上推导出来。在推导中假定固体表面上吸附位的能量分布为吸附热随覆盖度对数下降的形式，如下式：

$$Q_{ad} = -Q_{adm}\ln\theta$$

式中，Q_{adm} 为饱和吸附热。

将不均匀表面分成若干小的单元，假定每一个小单元 θ_i 都服从 Langmuir 吸附等温式，也就是 $\theta_i = K_iP/(1+K_iP)$，n_i 为 i 型吸附位占总吸附位的分数，因此，总覆盖度 $\theta = \sum n_i\theta_i$。

假设不同单元上的吸附常数 K_i 的值很接近，那么总覆盖度可以表示为如下的积分形式：

$$\theta = \int n_i\theta_i d_i$$

进一步推导可以得出式：

$$\theta = (\alpha_0 P)^{RT/Q_{adm}} = cP^{1/\alpha}$$

其中：

$$c = a_0^{RT/Q_{adm}}$$

$$a = Q_{adm}/RT$$

式中，a_0、Q_{adm} 为常数。

a 可理解为与吸附物种之间相互作用有关的常数，通常情况下，大于 1 的 a 认为是被吸附分子之间相互排斥的结果。

Freundlich 吸附等温式的实验表达式为：

$$\ln V = \ln V_{\mathrm{m}} + \frac{RT}{Q_{\mathrm{adm}}}\ln a_0 + \frac{RT}{Q_{\mathrm{adm}}}\ln P$$

式中，V 为吸附量；V_{m} 为单分子层饱和吸附量。由上式可检验实验结果是否符合 Freundlich 等温式并可求出有关常数。

c. Temkin 吸附等温式

在 Freundlich 等温式中，假设吸附热随着覆盖度增加呈指数下降，但在实验中却经常发现吸附热随覆盖度增加呈线性或者非线性下降。假定表面吸附位的能量分布特征为微分吸附热 Q 随覆盖度 θ 的增加线性下降，经推导得到 Temkin 吸附等温式为：

$$V = V_{\mathrm{m}}(RT/\alpha Q_{\mathrm{ad0}})(\ln\beta_0 + \ln P)$$

以上三种吸附等温式中吸附热和覆盖度的关系如图 2-17 所示。

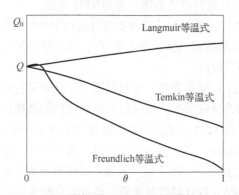

图 2-17　三种吸附等温式中吸附热 Q 随覆盖度 θ 的变化

当固体物质或预吸附某些气体的固体物质在载气中以一定的升温速率加热时，检测流出气体组成和浓度的变化或固体（表面）物理和化学性质变化的技术，称为程序升温技术。根据预处理条件和气体性质不同，可分为程序升温脱附（TPD）、程序升温表面反应（TPSR）、程序升温氧化（TPO）和程序升温还原（TPR）等。程序升温技术在固体表面和催化研究中占有重要的地位，它可以得到其他方法难以得到的大量信息。

② 程序升温脱附、还原过程基本原理及应用

固体物质加热时，当吸附在固体表面的分子受热到能够克服逸出所需要越过的能垒（通常称为脱附活化能）时，就产生脱附。由于不同吸附质与相同表面，或者相同吸附质与表面上性质不同的吸附中心之间的结合能力不同，脱附时所需的能量也不同。所以，热脱附实验结果不但反映了吸附质与固体表面之间的结合能力，也反映了脱附发生的温度和表面覆盖度下的动力学行为。其参数包括：脱附活化能（E_{d}）、脱附过程的级数（n）、频率因子（γ_n）。脱附过程的变量包括表面覆盖度（θ）、时间（t）、温度（T）。当 E_{d} 与 θ 无关时，表面是均匀的；当 E_{d} 是 θ 的函数时，表面是不均匀的。一般来说，对于某一个吸附态，脱附速率可以按照 Wigner-Polanyi 方程来描述：

$$N = -V_{\mathrm{m}}\mathrm{d}\theta/\mathrm{d}t = A\theta^n \exp[-E_{\mathrm{d}}(\theta)/RT]$$

式中，V_{m} 为单层饱和吸附量；N 为脱附速率；A 为脱附频率因子；θ 为单位表面覆盖度；n 为脱附级数；$E_{\mathrm{d}}(\theta)$ 为脱附活化能，是覆盖度 θ 的函数；T 为固体表面温度。

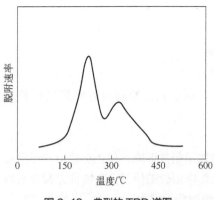

图 2-18　典型的 TPD 谱图

通过测定固定温度下的脱附速率，可以得到吸附在固体表面气体的脱附活化能和活化熵。但是，在 TPD 中，温度是连续改变的，速度同时依赖于时间和温度，并且温度与时间呈直线变化。当预吸附分子的固体按线性方式连续升温时，吸附分子的脱附速率按照上式变化，脱附速率取决于温度和覆盖度。开始升温时，覆盖度很大，脱附速率急剧地增加，脱附速率主要取决于温度；随着吸附分子的脱出，覆盖度 θ 值也随之下降，当小至某值时脱附速率由 θ 决定，同时，脱附速率开始减小，最后当 $\theta=0$，速度也变成零。如果把催化剂置于 He、Ar 或 N_2 等惰性载气流中，并在流路的下游设置气相色谱仪的热导鉴定器或其他分析仪器（如质谱仪）进行监测，则可以得到图 2-18 所示的脱附速率与温度的关系图，称为 TPD 谱图。

从 TPD 谱图可获得以下定量信息。吸附类型（活性中心）的数目；吸附类型的强度（能量）；每个吸附类型中质点的数目（活性中心密度）；脱附反应级数（吸附质点的相互作用）；表面能量分布（表面均匀性程度）。

TPD 法的主要优点在于：设备简单；研究范围大，几乎可包括所有的适用催化剂；原位考察吸附分子和固体表面的反应情况，提供有关表面结构的众多信息。

为了得到重复而可靠的 TPD 曲线应选适宜的载气流速（一般为 30～50mL/min）；固体物质的填装量一般为 50～200mg，粒度为 40～80 目。预处理应严格控制，应有好的升温线性关系。影响 TPD 峰形的因素很多，除了载气流速、固体物质的粒度和填装量外，特别要注意升温速率。升温速率过大时，TPD 峰容易重叠，造成信息损失；而升温速率过小时，既会使 TPD 信号减弱，也会使实验时间延长。因此，选择合适的升温速率很重要，一般采用 10～20℃/min 为宜。

对于等温条件下还原过程一般可用成核模型和球收缩模型来解释。球形金属氧化物和 H_2 反应生成金属和 H_2O 的过程为 $MO(s)+H_2(g) \longrightarrow M(s)+H_2O(g)$。

成核模型：当氧化物和 H_2 接触开始反应，经过时间 t_1 后，首先形成金属核；由于核变大和新核的形成，使得反应界面（金属核和氧化物之间的界面）增加，反应速率加快。但是，当核进一步增加和扩大，核之间相互接触，这时，反应界面开始变小，反应速率减慢（图 2-19）。

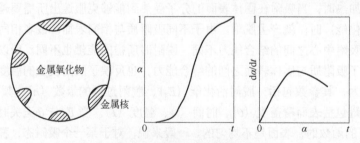

图 2-19　成核机理还原过程

球收缩模型：球收缩模型认为，反应开始界面最大，随后不断下降。即开始反应时，迅速成核并形成很薄的金属层，随着反应不断深入，r_1 逐渐变小（即反应界面变小），反应速率下降。此模型与成核模型的区别在于：球收缩模型成核速率很快，并形成金属薄层（图 2-20）。

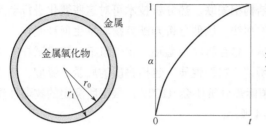

图 2-20 球形收缩机理还原过程

氢溢流现象：溢流是指在某一物质表面形成的活性物种，并转移到在相同条件下自身不能吸附或不能形成活性物种的另一物质表面。在多相催化剂中，溢流现象相当普遍。在多组分催化剂中，由于活性组分性质不同，有的氧化物容易还原。因此，当容易还原的氧化物在低温度时还原生成金属后，如果该金属对 H_2 具有解离活化作用，那么，H_2 在金属表面解离成还原活性更强的原子氢。原子氢经过金属-氧化物界面，溢流到氧化物表面与氧化物反应，使氧化物还原。由于原子氢的还原性比分子氢强，因此，存在氢溢流时，氧化物的还原温度会明显降低。同样，如果催化剂由金属氧化物组成，且该金属具有解离氢的能力，结果也相同。具有这种功能的金属很多，如 Pt、Pd、Ag、Cu、Ni 等。其中，贵金属的氢溢流作用尤其突出。

由于 TPR 过程很难避免氢溢流，为图谱分析带来了某些复杂因素，因此，对实验得到的 TPR 图谱，应综合分析，全面考虑。有时，为了消除氢溢流对还原行为的影响，应选溢流作用小的 CO，用 CO 替代 H_2 作为还原气，称为 CO-TPR。

当碱性气体分子接触固体催化剂时，除发生气-固物理吸附外，还会发生化学吸附。吸附作用首先从催化剂的强酸位开始，逐步向弱酸位发展，而脱附则正好与此相反，弱酸位上的碱性气体分子脱附的温度低于强酸位上的碱性气体分子脱附的温度，因此对于某一给定催化剂，可以选择合适的碱性气体（如 NH_3、吡啶等），利用各种测量气体吸附、脱附的实验技术测量催化剂的强度和酸度。其中比较常用的是程序升温脱附法，通过测定脱附出来的碱性气体的量，从而得到催化剂的总酸量。通过计算各脱附峰面积含量，可得到各种酸位的酸量。

③ 程序升温氧化原理

程序升温氧化（TPO）的原理同程序升温还原基本类似，是在一定升温速率的条件下，用氧化性气体如 O_2，对催化剂及其表面物种进行氧化的过程，主要应用于研究催化剂表面的积炭物种生成机理。

④ 程序升温表面反应

程序升温表面反应（TPSR）是指在程序升温过程中，同时发生表面反应和吸附。使用此技术大致有两种做法。一是首先将已经做过预处理的催化剂在反应条件下进行吸附和反应，然后从室温程序升温至所要求的温度，使在催化剂上吸附的各表面物种边反应边脱附出来；二是用作脱附的载气本身就是反应物，在程序升温过程中，载气（或载气中某组分）与催化剂表面上反应形成的某吸附物种一面反应一面脱附。然而，无论是哪种方式，都离不开吸附物种的反应和产物的脱附。实际上，TPD 和 TPSR 没有严格的区分。

2. 热分析技术

物质在加热或冷却过程中，往往伴随着微观结构和宏观物理、化学等性质的变化，而这些变化通常与物质的组成和微观结构相关联。热分析技术可对这些变化进行动态跟踪测量，从而得到它们随温度或时间变化的曲线，以便分析判断该物质发生何种变化。

热分析（thermal analysis，TA）是在程序控温和一定气氛下，测量试样的某种物理性质与温度或时间关系的一类技术。所谓"物理性质"包括物质的质量、温度、热焓、尺寸、机械、声学、电学及磁学性质等，国际热分析协会（ICTA）根据所测定的物理性质将现有的热分析技术分为 9 类 17 种，如表 2-4 所示。

表 2-4　热分析技术分类

热分析方法	简称	测量的物理量
热重法 动态质量变化测量 逸出气体检测 逸出气体分析 放射热分析 热微粒分析	TG	质量变化（Δm）
差热分析 升温曲线测量	DTA	温度差（ΔT）或温度（T）
差示扫描量热法 温度调制式差示扫描量热法	DSC MTDSC	热量或热容
热机械分析 动态热机械分析	TMA DMA	力学量 模量
热发声法 热传声法	/	声学量
热光学法	/	光学量
热电学法	/	电学量
热磁学法	/	磁学量
热重法-差热分析 热重法-差示扫描量热法 热重法/质谱分析 热重法/傅里叶变换红外光谱法 热重法/气相色谱法 微区热分析	TG-DTA TG-DSC TG/MS TG/FTIR TG/GC uTA	联用技术

热分析技术具有仪器操作简便、灵敏、连续、快速、不需做预处理及试样微量化的优点，将其与先进的检测仪器及计算机系统联用，可获得大量可靠的信息。自 1887 年 Le Chatelier 提出差热分析至今，随着科技的飞速发展，热分析技术不断发展壮大，目前它已成为各学科领域的通用技术，并在各领域拥有重要的地位。

热分析技术在催化方面应用的历史较长，它主要包括以下几个方面：催化剂活性评价、制备条件的选择、组成的确定、金属活性组分价态的确定、金属活性组分与载体间的相互作用、活性组分分散阈值及金属分散度的测定、活性金属离子的配位状态及分布、固体催化剂表面酸碱性的测定、催化剂老化及失活机理、催化剂的积炭行为、吸附剂表面反应机理、催化剂再生和多相催化反应动力学等。可见，热分析技术在催化剂从制备、应用到再生整个过程中，皆能提供有价值的信息，因此它在催化剂研究方面有着十分重要的地位。

热重（TG）法是测量试样质量随温度或时间变化的一种技术，如分解、升华、氧化还原、吸附、蒸发等伴有质量改变的热变化可用 TG 法来测量。这类仪器通称热天平，热失重曲线就是由热天平记录的试样质量随温度变化的曲线。热天平的基本单元是微量电子天平/石英微天平、炉子、温度程序器、气氛控制器及同时记录这些输出的仪器（如计算机）。通常是先由计算机存储一系列质量和温度与时间关系的数据，完成测量后，再由时间转换成温度。坩埚的种类很多，一般来说坩埚是由铂、铝、石英或刚玉制成的。TG可在静态、流动态等各种气氛条件下进行。在静态条件下，当反应有气体生成时，围绕试样的气体组成会有所变化，因而试样的反应速率会随气体的分压而变化。一般建议在动态气流下测量，TG测量使用的气体有Ar、Cl_2、CO_2、H_2、N_2、O_2、空气等气体。

差热分析仪一般由加热炉、试样容器、热电偶、温度控制系统及放大、记录系统等部分组成。将样品和参比物放在相同的加热或冷却条件下，同时测温热电偶的一端插在被测试样中，另一端插在待测温度区间内不发生热效应的参比物中，因此试样和参比物在同时升温或降温时，测温热电偶可测定升温或降温过程中二者随温度变化所产生的温差，并将温差信号输出，就构成了差热分析的基本原理。可见，当样品在程序加热或冷却过程中无变化时，二者温度相等，无温差信号：而当样品有变化时，二者温度不等，有温差信号，则有温差信号输出，经放大系统放大，由计算机记录整个过程。由于记录的是温差随温度的变化，故称差热分析。按以往已确定的习惯，向上表示放热效应（exothermic effect），向下表示吸热效应（endothermic effect）。

差示扫描量热法（DSC）就是为克服差热分析在定量测定上存在的这些不足而发展起来的一种新的热分析技术。它测量与试样热容成比例的单位时间功率输出与程序温度或时间的关系，通过对试样因发生热效应而发生的能量变化进行及时的应有的补偿，保持试样与参比物之间温度始终保持相同，无温差、无热传递，使热损失小，检测信号大，因此在灵敏度和精度方面都大有提高，可进行热量的定量分析工作。DSC量热仪分为热流式和功率补偿式两种，构造结构如图2-21。

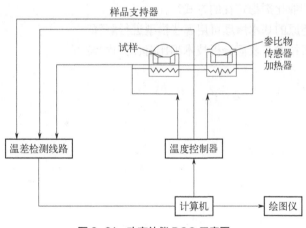

图 2-21　功率补偿 DSC 示意图

功率补偿型差示扫描量热法是采用零点平衡原理，它包括外加热功率补偿差示扫描量热计和内加热功率补偿差示扫描量热计两种。外加热功率补偿差示扫描量热计的主要特点是试样和参比物放在外加热炉内加热的同时，都附加具有独立的小加热器和传感器，即在试样和参比物容器下各装有一组补偿加热丝。

内加热功率补偿差示扫描量热计则无外加热炉，直接用两个小加热器进行加热，同时进行功率补偿。

热流式差示扫描量热法主要通过测量加热过程中试样吸收或放出热量的流量来达到

DSC 分析的目的，有热反应时试样和参比物仍存在温度差。该法包括热流式和热通量式，两者都是采用差热分析的原理来进行量热分析。

热流式差示扫描量热仪的构造与差热分析仪相近，热通量式差示扫描量热仪的主要特点是检测器由许多热电偶串联成热电堆式的热流量计，两个热流量计反向连接并分别安装在试样容器和参比物容器与炉体加热块之间，如同温差热电偶一样检测试样和参比物之间的温度差。由于热电堆中热电偶很多，热端均匀分布在试样与参比物容器壁上，检测信号大，检测的试样温度是试样各点温度的平均值，所以测量的 DSC 曲线重复性好、灵敏度和精确度都很高，常用于精密的热量测定。

习题

1. 表面分析技术有哪些？对于表面测试分析，尤其需要注意什么？
2. 评价催化剂的反应器有哪些？这些反应器的优缺点？
3. 催化剂失活的原因有哪些？再生策略可以用哪些方法？
4. 催化剂的结构特征数值有哪些？
5. 如何通过实验方法消除内外扩散？
6. 吸附等温线的类型有哪些？这些等温线各自有什么特点？
7. 可用于化学吸附的等温线方程有哪些？
8. 通过程序升温脱附实验可以获取金属基催化剂哪些详细信息？
9. 催化剂的稳定性有哪些？各自侧重点是什么？
10. 有哪些提高催化剂稳定性的方式？
11. 程序升温还原的基本原理可用哪些模型进行解释？
12. 体相热分析技术与表面分析技术相比有什么优势？

第三章 催化剂制备与性能测评

实验一 负载型 Ni 基催化剂的制备与表征

一、实验目的

1. 了解和掌握负载型催化剂的制备方法。
2. 了解助催化剂对催化剂催化活性的影响。
3. 掌握催化剂 XRD、BET、SEM 等的基本表征方法。

二、实验原理

工业生产中应用的催化剂分为三种，分别是酶催化剂、均相催化剂和非均相催化。酶催化剂存在于生命过程，催化剂本身是胶体大小的蛋白质分子，具有很高的效率和选择性。均相催化剂与反应物和产物处于同一相中，最常见的是液相均相反应。非均相催化剂是催化剂和产物处于不同相态，反应物是气相、液相或者气液两相，最常见的催化剂是固体催化剂。固体催化剂一般由活性组分、助催化剂和载体组成。活性组分的作用是催化作用，通常是金属或金属氧化物，例如镍、铁、铜、铝及其氧化物。助催化剂本身基本没有活性，但能够提高催化剂的活性、选择性和稳定性。载体的主要作用是承载活性组分和助催化剂，是负载活性组分和助催化剂的骨架，常用的载体包括氧化铝、二氧化硅、碳化硅、活性炭、硅胶、硅藻土、沸石分子筛等。

催化剂的性能不仅与催化剂的组成相关，还与催化剂的制备方法密切相关，制备固体催化剂的常用方法包括混合法、浸渍法、沉淀法、离子交换法、熔融法等。混合法是将粉末状的两种或者多种催化剂组分，在球磨机或者碾压机上经过机械混合后成型，再经过干燥、焙烧、还原等步骤制得催化剂的过程。沉淀法是将金属盐溶解到水溶液中，在搅拌状态下，加入碱类物质（沉淀剂），生成的沉淀物经过过滤、洗涤、干燥，再通过焙烧、成型制得的催化剂和载体。浸渍法将活性组分配置成溶液，把载体浸渍在溶液中，浸渍平衡后取出载体，干燥、焙烧、活化之后制得催化剂。离子交换法是通过活性组分与载体表面的离子进行离子交换，实现活性组分的负载，再经过洗涤、干燥、还原等步骤制成催化剂。熔融法是一种比较特殊的催化剂制备方法，是将金属或者金属氧化物在电炉中高温熔融制成合金或者金属氧化物的固体溶液，冷却之后粉碎、成型制得催化剂。

在碳达峰和碳中和的背景下，CO_2 的资源化再利用是实现 CO_2 减排的重要路径。CO_2 作为最廉价、最丰富的 C1 资源，经过一系列的化学反应可转化为有用燃料或化学品，其中 CO_2 甲烷化受到广泛关注。目前热催化 CO_2 甲烷化的催化活性组分主要为Ⅷ族（Ru、Rh、Pd、Pt、Co、Ni）金属，常用的载体包括 Al_2O_3、SiO_2、TiO_2 和分子筛等，常用的催化剂助剂包括 Fe、Co、Mn、Mg、Mo、Ce 等。本实验采用 γ-Al_2O_3 为载体、Ni 为活性组分、Mn 为催化剂助剂，通过浸渍法制备 Ni-Mn/γ-Al_2O_3 催化剂。

三、实验试剂和仪器

1. 主要试剂

硝酸镍 $Ni(NO_3)_2·6H_2O$，分析纯；50% $Mn(NO_3)_2$ 溶液，分析纯；氧化铝 γ-Al_2O_3，40～60 目；石英砂 SiO_2，分析纯。

2. 主要仪器

马弗炉，干燥箱，电子天平，集热式恒温加热磁力搅拌器，压片机，玛瑙研钵，催化剂分级筛。

四、实验步骤

1. 催化剂的制备

（1）溶液配制：将计量的 $Ni(NO_3)_2·6H_2O$ 和 50% $Mn(NO_3)_2$ 配制成混合水溶液，Ni 的负载量为 10%（质量分数），Mn 的负载量控制在 0～8%（质量分数），负载量以催化剂的总质量为基准。

（2）等体积浸渍：将配置的溶液等体积浸渍于工业 γ-Al_2O_3 载体上（40～60 目，BET 比表面积 250m²/g）。

（3）干燥：将浸渍了溶液的 γ-Al_2O_3 放置在干燥箱中，80℃干燥 2h，120℃干燥 3h。

（4）焙烧：将干燥后的样品放置到马弗炉中，焙烧温度 400℃，焙烧气氛空气，焙烧时间 3h，制得相应的催化剂，标记为 xNi-yMn/γ-Al_2O_3（x 表示 Ni 的质量分数，y 表示 Mn 的质量分数）。

2. 催化剂表征

（1）N_2-物理吸附表征

采用多功能物理吸附仪对催化剂进行低温 N_2 吸脱附测定，确定催化剂的比表面积及孔结构，测试之前将样品于 150℃、真空条件下脱气预处理 24h。

（2）XRD 表征

催化剂的物相测试在 X-射线粉末衍射仪（XRD）上进行，室温，使用 CuK α 靶（X=0.15418nm），工作电压 40kV，工作电流 40mA，扫描范围 2θ 为 10°～80°，步长 0.02°，扫描速度 6°/min。

（3）SEM 表征

样品的粒径和形貌在扫描电子显微镜（SEM）上观测，加速电压 200kV，样品于乙醇中超声分散后支撑于铜网上，干燥后测定。

五、注意事项

1. 不同组的学生选择不同的 Mn 负载量制备催化剂。

2. 催化剂表征之前正确制样。

3. 正确使用烘箱和马弗炉，避免烫伤。

六、实验数据记录

1. 催化剂的制备：硝酸镍的质量，硝酸锰的质量，Ni 和 Mn 的摩尔比。

2. 催化剂前驱体的干燥：烘箱温度，干燥起始、结束时间。

3. 催化剂的焙烧：程序升温速率，焙烧温度，焙烧起始、结束时间。

4. 催化剂的表征过程的特征参数。

七、实验结果讨论

1. 分析催化剂的 N_2-吸脱附曲线，催化剂的比表面积、孔径分布。

2. 分析催化剂 XRD 谱图，确定催化剂的晶型

3. 分析催化剂的 SEM 图，确定催化剂的形貌。

八、思考题

1. 研究二氧化碳甲烷化的意义。

2. 对比不同组的催化剂，讨论催化剂中 Ni 和 Mn 的摩尔比对催化剂物理结构、表面形态和形貌的影响。

3. 通过查阅文献，介绍二氧化碳甲烷化镍基催化剂的其他制备方法。

4. 通过查阅文献，介绍可用于 CO_2 甲烷化的其他催化剂。

实验二　Ni-Mn/γ-Al$_2$O$_3$ 催化剂催化二氧化碳甲烷化的研究

一、实验目的

1. 掌握 CO_2 甲烷化催化剂活性评价的基本原理和方法。

2. 学会固定床催化剂的装填、活化等步骤的操作方法。

3. 熟悉固定床的特点及操作方法。

4. 熟悉利用气相色谱在线进行 CO_2 甲烷化的产物分布分析。

二、实验原理

随着现代工业的快速发展，CO_2 的排放量逐年增加，造成了全球变暖、海平面上升、冰川融化等一系列的环境问题。在满足能源需求的基础上，控制温室气体排放量成为全球关心的问题。目前降低温室气体排放量的方法主要分为三类，一是节能减排，二是分离和存储 CO_2，三是化学固定。化学固定的方法是指将 CO_2 转化为可用能源或者有价值的化学产物，减少 CO_2 排放的同时实现 CO_2 的变废为宝，是 CO_2 开发利用最有前景的途径。因此，CO_2 的固定化及资源化研究是世界各国广泛关注的重要课题。CO_2 的化学利用比较广泛，可用于尿素、碳酸盐、水杨酸的合成，还可以通过加氢生产醇、酸、醚、烃等化工产品。由于 CO_2 加氢产物的种类较多，价值较高，是 CO_2 的固定化及资源化的核心课题，其中 CO_2 甲烷化被视为解决能源短缺、降低温室效应最有前景的方法。

甲烷（CH_4）是最简单的有机化合物，同时也是重要的化工原料，可用于合成炭黑、一氧化碳、乙炔、甲醛等。与其他化石能源相比，甲烷的燃烧热值（890.31 kJ/mol）高，燃烧过程清洁安全，仅生成二氧化碳和水，同时可通过现有天然气的基础设施存储或运输。CO_2 甲烷化反应条件温和，可在低温、常压的反应条件下进行，具有极大的商业应用潜力。二氧化碳甲烷化反应通常包含以下反应，其中反应（1）为主反应，（2）～（8）为副反应：

$$CO + 4H_2 \longrightarrow CH_4 + 2H_2O \qquad \Delta H_{298K} = -165kJ/mol \qquad (1)$$

$$CO + 3H_2 \longrightarrow CH_4 + H_2O \qquad \Delta H_{298K} = -206kJ/mol \qquad (2)$$

$$CO_2 + H_2 \longrightarrow CO + H_2O \qquad \Delta H_{298K} = 41kJ/mol \qquad (3)$$

$$CO_2 + CH_4 \longrightarrow 2CO + 2H_2 \qquad \Delta H_{298K} = 247kJ/mol \qquad (4)$$

$$2CO \longrightarrow C + CO_2 \qquad \Delta H_{298K} = -172kJ/mol \qquad (5)$$

$$CH_4 \longrightarrow C + 2H_2 \qquad \Delta H_{298K} = 75kJ/mol \qquad (6)$$

$$CO + H_2 \longrightarrow C + H_2O \qquad \Delta H_{298K} = -131kJ/mol \qquad (7)$$

$$CO_2 + H_2 \longrightarrow CO + H_2O \qquad \Delta H_{298K} = -90kJ/mol \qquad (8)$$

在 1902 年，Sabatier 初次报道了多相催化二氧化碳甲烷化。从 CO_2 甲烷化的吉布斯自由能 $\Delta G_{298K} = -130.8kJ/mol$ 分析可知，该反应在热力学上是可以自发进行的。CO_2 甲烷化过程是把 +4 价的碳还原成 −4 价的碳，整个过程需要转移 $8e^-$，因此动力学过程受限，需要引入合适的催化剂，降低反应的活化能，提高反应速率。从热力学角度分析，低温、升压和提高氢碳比有利于反应向正反应方向进行，开发低温优良催化剂是提高 CO_2 的转化率和 CH_4 的选择性的突破口。

对 CO_2 甲烷化具有催化作用的催化剂集中在Ⅷ族金属中，活性顺序为 Rh、Ru、Ir > Pt、Pd > Ni > Co > Fe，总体而言，贵金属催化剂的活性高于非贵金属催化剂，但是贵金属催化剂资源有限，价格昂贵，重复利用困难，不适合大规模应用。非贵金属催化剂中，过渡金属 Ni 催化剂表现出了最好的活性，成为替代贵金属催化剂的最佳选择。

为了提高过渡金属 Ni 催化剂的催化性能，研究者对载体、助剂、催化剂的结构和制备方法等方面开展了研究。催化剂载体的孔径、孔体积、表面特性和氧化还原特性会直接影响催化剂的性能，Ni 基催化剂的载体主要包括氧化物、分子筛、MOF 材料等。与单金属催化剂相比，引入助剂能改善活性金属的分散性和稳定性，促进反应物或者关键表面物质的吸附活化，提高催化剂活性和选择性。Ni 基催化剂助剂主要有过渡金属元素、稀土金属元素和碱金属、碱土金属元素。催化剂的结构能够显著影响催化剂的稳定性，研究者还设计出了钙钛矿结构、水滑石结构、尖晶石结构的 Ni 基催化剂。催化剂的制备方法会影响催化剂结构、活性金属的分散性、金属与载体的相互作用，研究者尝试了大量的制备方法用于 Ni 基催化剂的制备，主要包括浸渍法、沉淀法、水热法、溶胶凝胶法、固溶燃烧法、模板法等。

本实验选择实验一制备的 Ni-Mn/γ-Al$_2$O$_3$ 非均相催化剂，通过固定床反应器研究催化剂催化 CO$_2$ 甲烷化的性能。

三、实验试剂和仪器

1. 主要试剂

混合气（10%Ar+18%CO$_2$+72%H$_2$），高纯氢，氩气，石英砂，石英棉。

2. 主要仪器

固定床反应器，气相色谱仪，色谱工作站，氢气发生器，混合气瓶，氢气瓶。

四、实验步骤

采用常压固定床反应器进行 CO$_2$ 甲烷化活性评价，其流程如图 3-1 所示，反应系统由气路系统、反应管、可控式加热炉、冷阱和在线气相色谱工作站组成。

1. 催化剂造粒：催化剂样品粉末需要经过研磨、压片、破碎及过筛，筛选 40～60 目大小的颗粒。

2. 催化剂的装料：反应管材质为 316 不锈钢，内径为 4mm，壁厚为 1mm。催化剂的用量是 0.2g，与 40～60 目的石英砂等体积混合，装填于反应管的中部，两端用石英棉固定，石英棉外侧用小瓷环填充，可以使原料气径向分布更加均匀。

3. 反应气路试漏：催化剂装料完毕之后，安置好热电偶，上紧各个接口，开始检漏。通入 Ar 气，通过肥皂水检验反应装置的气密性，确保无气体泄漏后开始实验。

4. 催化剂的活化：在 Ar 气氛下，Ar 气流速 20mL/min^{-1}，升温至 400℃，切换为相同流速的高纯氢，还原 2h。

5. 反应温度设置：催化剂活化结束后，使用 Ar 气吹扫，降温至 200℃，设置反应程序，反应温度在 250～450℃范围内调节，每次增温幅度为 50℃，每个温度点停留 30～40min，升温速率 10℃/min。

6. 活性评价：反应温度上升至 250℃后，通入反应混合气（10%Ar+18%CO$_2$+72%H$_2$），其中 Ar 气为内标气，空速为 4000～10000h^{-1}。反应之后的尾气经过气体过滤器、冷凝管、干燥器除去杂质和反应生成的水蒸气，通过六通阀通入气相色谱，采用 TCD 检测器进行在线检测。

7. 气相色谱检测：利用在线气相色谱对反应气尾气组成进行检测。本实验采用热导检测器（TCD）进行检测，采用内标法定量分析。色谱柱选用填充柱 TDX-01，柱长 2.5m，色谱柱外径为 3mm。载气用氢气，载气流速 20mL/min。柱温箱温度设定为 100℃，气化室温度为 120℃，检测器温度为 120℃。

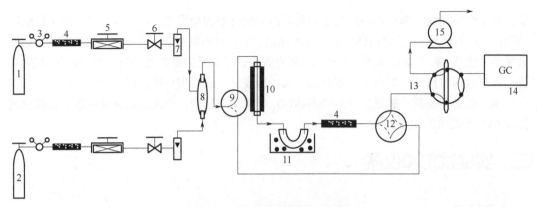

图 3-1 CO$_2$ 甲烷化活性评价装置

1—CO$_2$；2—H$_2$；3—减压阀；4—干燥器；5—稳压阀；6—稳流阀；7—转子流量计；8—混合器；9—三通阀；
10—反应炉；11—冷凝器；12—四通阀；13—六通阀；14—气相色谱；15—湿式流量计

五、注意事项

1. 实验过程用到 H$_2$，实验开始之前必须进行试压，保证整个系统的密封性。

2. 实验所用原料气均置于高压钢瓶中，注意使用安全。

3. 装填催化剂、小瓷环时，每装一段应轻轻敲击反应管，使得催化剂、小瓷环堆积得均匀紧密。

4. 预热器和反应器均采用电加热，实验过程中不要触碰加热炉及加热炉连接线，以防烫伤、触电。

5. 反应尾气需要用管线导出到室外。

6. 气相色谱仪开机前要先通载气，关闭气相色谱仪时要先关闭加热，使检测器和柱温箱温度降至 50℃ 以下再关闭载气。

六、实验数据记录

序号	反应温度/℃	反应器入口气体流量/（mL/h）	反应器出口气体流量/（mL/h）	色谱检测峰面积		
				CO$_2$	CH$_4$	Ar

七、实验结果讨论

反应气由 CO$_2$、H$_2$、Ar 组成，其中 CO$_2$、H$_2$ 为反应气，Ar 为惰性气体，不参与反应，反应前后 Ar 的绝对量保持不变，作为内标气。实验中所用的原料气为 H$_2$、CO$_2$，比例为 4:1，反应后的产物比较简单，气相中除了未反应的 H$_2$、CO$_2$，还有产物甲烷、一氧化碳、其他烃类等组分，液相中除了水之外，可能有乙醇、丙醇等组分。实验采用 CO$_2$ 的转化率、甲烷的选择性、甲烷的收率表征催化剂的催化性能。

CO_2 转化率：$X_{CO_2} = \dfrac{A_{CO_2,in} / A_{Ar,in} - A_{CO_2,out} / A_{Ar,out}}{A_{CO_2,in} / A_{Ar,in}} \times 100\%$

甲烷的选择性：$S_{CH_4} = \dfrac{A_{CH_4,out} / A_{Ar,out}}{A_{CO_2,in} / A_{Ar,in} - A_{CO_2,out} / A_{Ar,out}} \times \dfrac{f_{CH_4-Ar}}{f_{CO_2-Ar}} \times 100\%$

甲烷的收率：$Y_{CH_4} = \dfrac{A_{CH_4,out} / A_{Ar,out}}{A_{CO_2,in} / A_{Ar,in}} \times \dfrac{f_{CH_4-Ar}}{f_{CO_2-Ar}} \times 100\%$

其中：

$A_{CO_2,in}$、$A_{Ar,in}$——原料气中 CO_2、Ar 由色谱 TCD 检测器测出的谱图上的峰面积；

$A_{CO_2,out}$、$A_{Ar,out}$、$A_{CH_4,out}$——反应后的气体中 CO_2、Ar、CH_4 由色谱 TCD 检测器测出的谱图上的峰面积。

f_{CH_4-Ar}、f_{CO_2-Ar}——CH_4 相对于 Ar、CO_2 相对于 Ar 的相对校正因子。

八、思考题

1. 讨论反应温度对催化剂活性和选择性的影响。
2. 催化剂的 Ni：Mn 比对催化剂活性的影响。
3. 催化剂活性评价之前，为什么要用 H_2 还原？
4. 如果提高原料的空速，实验结果会怎么变化。

实验三　氧化铁系催化剂催化乙苯脱氢制苯乙烯

一、实验目的

1. 了解以乙苯为原料，氧化铁系为催化剂，在固定床单管反应器中制备苯乙烯的过程。
2. 学会固定床稳定工艺操作的方法。
3. 掌握气相色谱离线检测液体混合物的方法。

二、实验原理

苯乙烯（C_8H_8）是一种无色、透明的有机油状液体，毒性低、燃点低，不溶于水，在乙醇、乙醚等溶剂中的溶解度较高。苯乙烯是一种重要的化工原料，在塑料行业中被广泛应用，可以用来生产 SAN 树脂、PS 树脂、SBR 树脂、ABS 树脂等。目前生产苯乙烯的技术路线主要包括裂解汽油抽提法、丁二烯合成法、乙苯丙烯共氧化法和乙苯催化脱氢法，其中全球 90% 的苯乙烯是通过乙苯催化脱氢工艺制得，在苯乙烯生产中占主导地位。乙苯催化脱氢过程主要包括以下反应，除了主反应之外还伴随有乙苯的裂解和加氢脱烷基等副反应，其中反应（1）为主反应，（2）～（5）为副反应：

$$C_6H_5 \cdot C_2H_5 \longrightarrow C_6H_5 \cdot CH = CH_2 + H_2 \qquad \Delta H = 117.6 kJ/mol \tag{1}$$

$$C_6H_5 \cdot C_2H_5 \longrightarrow C_6H_6 + C_2H_4 \qquad \Delta H = 101.7 kJ/mol \tag{2}$$

$$C_6H_5 \cdot C_2H_5 + H_2 \longrightarrow C_6H_5 \cdot CH_3 + CH_4 \qquad \Delta H = -64.5 kJ/mol \tag{3}$$

$$C_6H_5 \cdot C_2H_5 + H_2 \longrightarrow C_6H_6 + C_2H_6 \qquad \Delta H = -31.5\text{kJ/mol} \qquad (4)$$

$$C_6H_5 \cdot CH_2 \cdot CH_3 \longrightarrow 8C + 5H_2 \qquad \Delta H = -1.67\text{kJ/mol} \qquad (5)$$

乙苯脱氢是分子数目增加的可逆、吸热反应，根据热力学平衡可知，高温、低压有利于提高乙苯脱氢的转化率。但是反应温度过高，很容易产生 CO_2、C_6H_6、C_2H_4 等，会加速苯乙烯的聚合生成积炭，导致催化剂失活，故反应温度不能太高，工业上的催化温度一般 600～650℃。工业上为了实现连续化生产，通常通入大量的水蒸气保持系统平衡。过热水蒸气既可以作稀释剂降低乙苯的分压，保障操作安全，又提供了吸热反应的内热源，使得反应器在绝热条件下操作。另外，水蒸气可以与催化剂表面的积炭发生清焦反应，提高催化剂的活性与寿命。但是水蒸气的加入又会发生下列转化和变换副反应，副反应的存在导致反应条件优化控制复杂化。考虑能量消耗，水蒸气量也不能无限加大，在兼顾反应速率的前提下，工业生产中水蒸气与乙苯的摩尔比一般采用 8∶1。

$$CH_4 + H_2O \longrightarrow CO + 3H_2$$

$$C_2H_4 + 2H_2O \longrightarrow 2CO + 4H_2$$

$$C_2H_6 + 2H_2O \longrightarrow 2CO + 5H_2$$

$$C + H_2O \longrightarrow CO + H_2$$

$$CO + H_2O \longrightarrow CO_2 + H_2$$

乙苯脱氢制苯乙烯的工艺中，催化剂是生产苯乙烯的核心。目前工业上乙苯脱氢制备苯乙烯采用的催化剂一般为 Fe-K 基催化剂，该催化剂的成本低、活性高，但是存在容易积炭失活、活性位点不稳定、选择性不高等问题。研究者尝试加入 K、Ce、Mg、Cr、Mo、Ca、Zn、Cu 等助剂提高催化剂的活性、选择性和稳定性，优化反应条件。

乙苯脱氢反应为吸热反应，提高温度可提高反应的平衡转化率，但是温度过高，副反应增加，使苯乙烯选择性下降，能耗增大。结合设备材质要求，本实验的反应温度为 540～600℃。本实验加水蒸气即可降低乙苯的分压，提高平衡转化率，本实验较适宜的水蒸气用量为水∶乙苯=1.5∶1（体积比）或 8∶1（摩尔比）。乙苯脱氢反应系统中有平衡副反应和连串副反应，随着接触时间的增加，副反应也增加，苯乙烯的选择性可能下降，适宜的空速与催化剂的活性及反应温度有关，本实验乙苯的液体空速以 0.6h^{-1} 为宜。本实验采用氧化铁系催化剂，其组成为 Fe_2O_3—CuO—K_2O_3—CeO_2。

三、主要实验试剂及仪器

乙苯脱氢制苯乙烯工艺实验装置如图 3-2 所示，主要由计量管、蠕动泵、汽化器和反应器等组成。实验中乙苯和水分别由计量管经蠕动泵进入混合器，经汽化器汽化进入反应器中进行反应。反应后气体混合物经冷凝器达到气液分离。液体产物经分离器收集，尾气经冷却器收集。

四、实验步骤

1. 反应条件控制

汽化温度 300℃，脱氢反应温度 540～600℃，水∶乙苯=1.5∶1（体积比），相当于乙苯加料 0.5mL/min，蒸馏水 0.75mL/min（50mL 催化剂）。

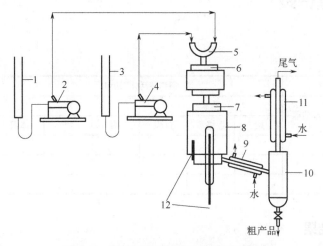

图 3-2 乙苯脱氢制苯乙烯工艺实验流程图

1—乙苯计量管；2，4—蠕动泵；3—水计量管；5—混合器；6—汽化器；7—反应器；
8—电热夹套；9—冷凝器；10—分离器；11—冷却器；12—热电偶

2. 操作步骤

（1）了解并熟悉实验装置及流程，明确物料走向及加料、出料方法。

（2）接通电源，使汽化器、反应器分别逐步升温至预定的温度，同时打开冷却水。

（3）分别校正蒸馏水和乙苯的流量（0.75mL/min 和 0.5mL/min）。

（4）当汽化器温度达到 300℃后，反应器温度达 400℃左右开始加入已校正好流量的蒸馏水。当反应温度升至 500℃左右，加入已校正好流量的乙苯，继续升温至 540℃使之稳定半小时。

（5）反应开始每隔 10～20min 取一次数据，每个温度至少取两个数据，粗产品从分离器中放入量筒内，然后用分液漏斗分去水层，称出烃层液和水层质量。

（6）取少量烃层液样品，用气相色谱分析其组成，并计算出各组分的百分含量。

（7）反应结束后，停止加乙苯，放出残留乙苯至回收瓶中。反应温度维持在 500℃左右，继续通水蒸气，进行催化剂的清焦再生，约半小时后停止通水，并降温。

五、注意事项

1. 整个操作过程中注意计量管中是否有水和乙苯，避免蠕动泵空转。

2. 注意汽化器和反应器温度是否飞温。

3. 采用色谱进样针时，内部活塞勿全部拔出。

4. 反应结束后，收集的油相产物倒入废液桶，切勿倒入下水道。

5. 反应器温度较高，小心烫伤。

六、实验数据记录

1. 原始记录

样品序号	温度/℃		原料消耗体积/mL						粗产品/g	
	汽化器	反应器	乙苯			水			烃层液	水层
			始	终	体积	始	终	体积		

2. 粗产品分析结果

样品序号	反应温度/℃	乙苯加入量/g	粗产品色谱检测结果（峰面积百分比）			
			苯	甲苯	乙苯	苯乙烯

七、实验结果讨论

采用气相色谱检测样品中各物质的含量，假设样品中所有物质在色谱条件下都出峰，且各物质的校正因子近似相同，可采用面积归一化法计算样品中不同物质的含量。

乙苯的转化率： $X_{乙苯} = \dfrac{m_{乙苯} - m_{样品} \times A_{乙苯}}{m_{乙苯}} \times 100\%$

苯乙烯的选择性： $S_{苯乙烯} = \dfrac{m_{乙苯} - m_{样品} \times A_{苯乙烯} \times \dfrac{M_{乙苯}}{M_{苯乙烯}}}{m_{乙苯} - m_{样品} \times A_{乙苯}} \times 100\%$

苯乙烯的收率： $Y_{苯乙烯} = X_{乙苯} \cdot S_{苯乙烯}$

其中： $A_{乙苯}$、 $A_{苯乙烯}$ ——样品色谱检测乙苯、苯乙烯峰面积百分比，%；

$m_{乙苯}$、 $m_{样品}$ ——乙苯的加入量、样品的质量，g；

$M_{乙苯}$、 $M_{苯乙烯}$ ——乙苯、苯乙烯的摩尔质量，g/mol。

对以上的实验数据进行处理，分别将转化率、选择性及收率对反应温度做出关系图，找出最适宜的反应温度区域，并对所得实验结果进行讨论。

八、思考题

1. 乙苯脱氢生成苯乙烯反应是吸热反应还是放热反应？如何判断？如果是吸热反应，则反应温度为多少？实验室是如何实现的？工业上又是如何实现的？

2. 对本反应而言是体积增大还是减小？加压有利还是减压有利？工业上是如何来实现

加减压操作的？本实验采用什么方法？为什么加入水蒸气可以降低烃分压？

　　3. 在本实验中你认为有哪几种液体产物生成？哪几种气体产物生成？如何分析？

　　4. 进行反应物料衡算，需要一些什么数据？如何搜集并进行处理？

实验四　ZMS-5分子筛催化甲醇制烯烃

一、实验目的

　　1. 学会利用固定床管式反应装置测定ZSM-5分子筛催化甲醇制烯烃活性。

　　2. 了解分子筛催化剂的性质和在甲醇制备烯烃反应过程中的作用机制。

　　3. 掌握产物选择性分析的计算方法。

二、实验原理

　　乙烯、丙烯等低碳烯烃是化工生产过程中的重要基础原料，被广泛地应用于材料的合成过程，形成了规模庞大的化工生产体系。低碳烯烃在现代化工生产过程中具有非常重要的作用。传统的烯烃生产工艺是石脑油蒸汽裂解和催化裂化技术，但是随着石油资源的日益匮乏，以石油为原料制备乙烯、丙烯的传统工艺路线受到很大的限制。甲醇制烯烃（MTO）作为一条由煤、天然气及生物质等含碳资源制备重要化学品的非石油路线，近些年来备受人们关注。催化剂的选择是甲醇制烯烃反应性能好坏的关键，直接决定了其技术可否得以工业化。沸石分子筛是目前最常用的MTO催化剂。

　　沸石分子筛是结晶铝硅酸金属盐的水合物，具有规则的孔道结构，由初级结构单元TO4（T常为Si、Al、P和B等）通过公共氧桥连接而形成的三维晶体，其化学通式为：$M_{x/m}[(AlO_2)x\cdot(SiO_2)y]\cdot zH_2O$。M代表阳离子，$m$表示其价态数，$z$表示水合数，$x$和$y$是整数。沸石分子筛活化后，水分子被除去，余下的原子形成笼形结构，孔径为3～10Å。分子筛晶体中有许多大小一定的空穴，空穴之间由许多同直径的孔（也称"窗口"）相连。由于分子筛能将比其孔径小的分子吸附到空穴内部，而把比孔径大的分子排斥在其空穴外，起到筛分分子的作用，故得名分子筛。沸石分子筛按形成过程来看，可以分为两类：天然沸石分子筛和人工合成沸石分子筛。

　　ZSM-5分子筛是一种高硅三维交叉直通的新结构沸石分子筛。ZSM-5分子筛亲油疏水，水热稳定性高，大多数的孔径为0.55nm左右，属于微孔分子筛。其基本结构单元是由八个五元环组成的，具有十元环孔。其晶体结构属于斜方晶系，空间群$Pnma$，晶格常数a=20.1Å，b=19.9Å，c=13.4Å。ZSM-5的晶胞组成可表示为$Na_nAl_nSi_{96-n}O_{192}\cdot16H_2O$。式中，$n$是晶胞中Al原子个数，可以由0～27变化，即硅铝物质的量比可以在较大范围内改变，但硅铝原子总数为96个。ZSM-5分子筛的晶体结构由硅（铝）氧四面体所构成。硅（铝）氧四面体通过公用顶点氧桥形成五元硅（铝）环，8个这样的五元环组成ZSM-5分子筛的基本结构单元。ZSM-5分子筛的孔道结构由截面呈椭圆形的直筒形孔道（孔道尺寸为0.54nm×0.56nm）和截面近似为圆形Z字型孔道（孔道尺寸为0.52nm×0.58nm）交叉所组成，如图3-3如示。两种通道交叉处的尺寸为0.9nm，这可能是ZSM-5催化活性及其强酸集中处。ZSM-5分子筛具有规整的孔道结构，大比表面积，高水热稳定性，良好的离子交换性能及丰富可调的表面性质。

MTO 反应是酸催化反应，ZSM-5 分子筛具有较强的酸性，对于 MTO 反应具有很高的活性。ZSM-5 分子筛的催化性能与其形貌及酸性位有着密不可分的联系。$n(SiO_2)/n(Al_2O_3)$（简称硅铝比）是影响分子筛骨架组成、表面酸性及孔道结构的关键因素。硅铝比不同，用于 MTO 反应时的催化活性、择形效应及抗积炭能力不同。因此，研究 ZSM-5 分子筛的硅铝比对 MTO 反应的影响具有重要意义。

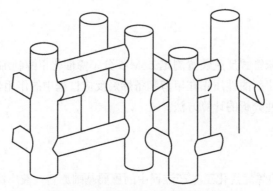

图 3-3　ZSM-5 分子筛的孔道结构

自甲醇制烯烃反应被发现以来，由于甲醇在 ZSM-5 分子筛上转化为烯烃的机理较为复杂，因此对其机理的研究一直没有间断过，科学家提出多种机理。目前被广泛认可的是甲醇制烯烃反应中甲醇首先脱水转化为二甲醚（DME），然后二甲醚与甲醇的平衡混合物继续转化为以乙烯和丙烯为主的低碳烯烃，低碳烯烃通过二级反应进一步转化为烷烃、芳烃和高碳烯烃等副产物，具体反应路线如图 3-4 所示。甲醇转化制低碳烯烃为强放热反应，其总反应热一般为 22～34kJ/mol。

图 3-4　MTO 反应机理示意图

三、主要实验试剂和仪器

实验试剂：甲醇，分析纯；ZSM-5(n)分子筛，硅铝比 n 为 25、50、100 和 360。

实验仪器：固定床管式反应装置，质量流量计，控温仪表，蠕动泵，色谱仪。

四、实验步骤及注意事项

甲醇制烯烃反应（MTO）在常压下进行，使用固定床管式反应装置进行 ZSM-5 分子筛催化性能评价（图 3-5）。原料甲醇由蠕动泵经气化后进入反应器，在设定反应条件下反应。产物经在线色谱检测，色谱仪装有 FID 检测器，色谱柱为 PLOT-Q 毛细管柱。实验过程可分为催化剂装填、气密性检测、性能评价与产物分析四个步骤。

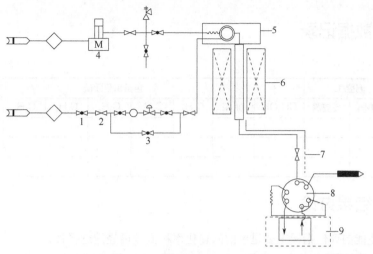

图 3-5 催化剂活性评价装置

1—截止阀；2—减压稳压阀；3—质量流量计；4—蠕动泵；5—预热混合器；
6—固定床反应器；7—加热管线；8—六通阀；9—气相色谱仪

1. 催化剂装填

在催化剂反应前对 ZSM-5 分子筛进行压片处理，破碎筛分控制粒径在 40～60 目。装填催化剂之前首先在石英反应管内依次填入石英棉与适量石英砂，随后加入 0.25g 催化剂于石英管恒温区，继续加入石英砂和石英棉。

2. 气密性检测

装填完催化剂后，插入热电偶置于催化剂装填位置，关闭尾气出口阀，通入 N_2，待系统压力升高至 2.0MPa，关闭入口阀。等待 2h。若系统压力波动小于 0.01MPa，说明评价装置气密性良好。将出口切至防空路，小心缓慢调节背压阀，同时注意气体洗瓶鼓泡状况，缓慢泄去管式反应器内部压力之后，调整气体至指定流量。

3. 性能评价

打开反应装置加热电源与色谱仪电源，待反应装置升温至设定反应温度（400℃，450℃或 500℃），打开蠕动泵，设定流速为 0.05mL/min，排尽蠕动泵内部空气后，将甲醇气体切至预热器（加热炉）升温至 120℃，与氮气充分混合进入反应管中，控制反应质量空速为 $1.0h^{-1}$，反应产物经过缠有加热带的管线，保持温度 120℃进入气相色谱仪进行产物分析并开始记录反应时间，每间隔 20min 采样分析一次。

4. 产物分析

反应尾气产物由气相色谱在线分析。反应尾气产物主要包含 N_2，甲醇，二甲醚，C1～C6 烃类。采用标准样品确定不同物质的停留时间，记录谱图上各物质的峰积分面积，采用面积归一化方法计算各物质的相对含量。

五、实验数据记录

反应时间/min	温度/℃		色谱积分面积								
	预热器	反应器	CH_3OH	DME	C_2H_4	C_2H_6	C_3H_6	C_3H_8	C_4H_8	C_4H_{10}	C_{5+}

六、实验结果讨论

催化剂性能的评价指标主要是甲醇的转化率和低碳烯烃的选择性。

甲醇转化率计算：

$$X_{(MeOH)} = \frac{已转化甲醇的量(mol)}{甲醇进样总量(mol)} \times 100\% = \frac{A_{in} - A_{out}}{A_{in}} \times 100\%$$

低碳烯烃产物选择性计算：

$$S_{(C_xH_y)} = \frac{生成产物C_xH_y的量(mol)}{产物总量(mol)} \times 100\% = \frac{f_{C_xH_y} \times A_{C_xH_y}}{\sum_{i=1}^{n}(f_i \times A_i)} \times 100\%$$

其中，A 为色谱分析的产物峰积分面积；f 为校正因子；i 为反应产物 DME 和 C_xH_y。

七、思考题

1. 甲醇脱水制备烯烃工业上除了使用 ZSM-5 分子筛，还有哪些分子筛？
2. 分子筛 ZSM-5 硅铝比对甲醇制备烯烃催化活性有何影响？
3. 升高反应温度对催化剂活性和选择性有何影响？
4. 分析催化剂失活的原因。

实验五　碳酸乙烯酯交换合成碳酸二甲酯

一、实验目的

1. 了解酯交换合成碳酸二甲酯的生产工艺。
2. 掌握以碳酸乙烯酯为原料，甲醇钠为催化剂，在反应釜中制备碳酸二甲酯的过程。
3. 掌握均相催化剂的优点和缺点。

二、实验原理

碳酸二甲酯（DMC）的分子式为 $C_3H_6O_3$，相对分子质量为 90.08，常压下其沸点为 90.1℃，熔点为 4℃，相对密度为 1.070，黏度为 0.664mPa·s，折射率为 1.3697。常温下，碳酸二甲酯是一种无色、无毒、略有刺激性气味的透明液体，难溶于水，与有机试剂醇、酮、酯、醚等能以任意比例混合。

碳酸二甲酯是最简单的有机碳酸酯，分子结构中有甲基、羰基、甲氧基、甲氧基羰基，能与醇、酚、胺及氨基醇等发生反应，是一种无毒、环保、性能优异、用途广泛的化工原料，常被用作燃油添加剂、甲基化/羰基化试剂、有机溶剂和基础有机原料。碳酸二甲酯的合成方法主要包括光气法（a）、尿素醇解法（b）、甲醇氧化羰基化法（c）、酯交换法（d）和 CO_2 直接合成法（e）。目前合成 DMC 的工业化路线中，光气法已经被淘汰，甲醇氧化羰基化法和酯交换法是工业生产的主要方法。

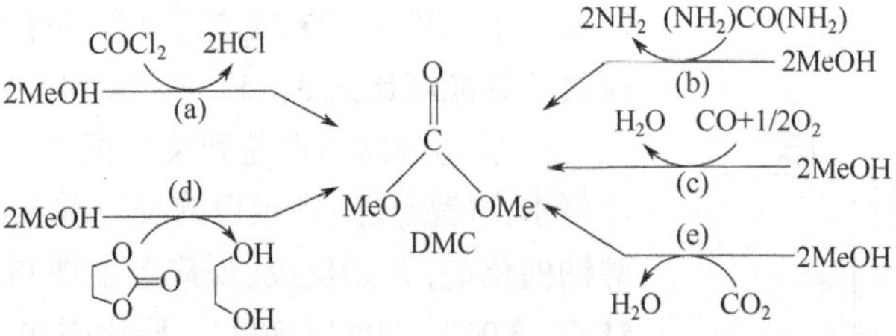

20 世纪 90 年代，美国 Texaco 公司成功开发了碳酸乙烯酯制备碳酸二甲酯的生产工艺，该工艺以 CO_2、环氧乙烷和甲醇为原料，分两步合成碳酸二甲酯并联产乙二醇。该工艺路线的第一步是 CO_2 和环氧乙烷反应合成碳酸乙烯酯，技术路线已经成熟且实现了工业化。第二步是碳酸乙烯酯与甲醇在催化剂的作用下合成碳酸二甲酯联产乙二醇，原子利用率可达到100%，该步骤的关键在于催化剂的选择与开发。碳酸乙烯酯法合成碳酸二甲酯的反应方程如下：

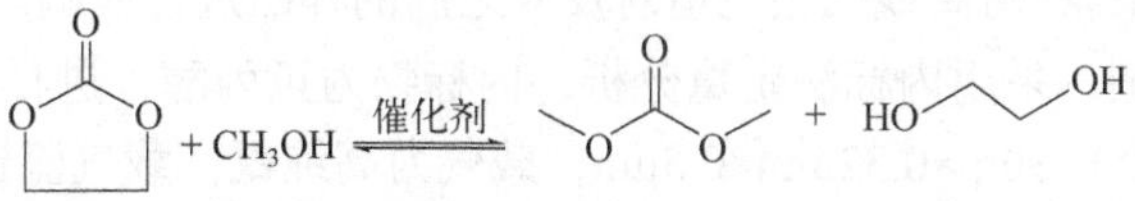

依据催化剂在碳酸乙烯酯醇解反应体系中的状态，可以将催化剂分为均相催化剂和非均相催化剂。传统的均相催化剂主要包括有机金属化合物和可溶性的酸、碱催化剂。均相催化剂活性好，选择性高，技术路线较为成熟，但是很难和产品分离并重复利用。非均相催化剂主要包括离子交换树脂催化剂、金属氧化物催化剂、负载型催化剂等。非均相催化剂的活性和选择性不如均相催化剂，但是能够有效地和产物分离并重复利用。

目前国内碳酸乙烯酯与甲醇反应生产碳酸二甲酯使用的主要均相催化剂甲醇钠 CH_3ONa。甲醇钠催化剂具有较高的催化活性，能够显著提高反应速率、缩短反应时间。本实验选择均相催化剂 CH_3ONa 开展碳酸乙烯酯与甲醇生产碳酸二甲酯的研究。

三、实验试剂和仪器

1. 主要试剂

碳酸乙烯酯，分析纯；甲醇，分析纯；甲醇钠，分析纯；碳酸二甲酯，分析纯；乙二醇，分析纯；正丙醇，色谱纯。

2. 主要仪器

三口烧瓶，电动搅拌机，转速控制仪，温度计，冷凝管，恒温水浴锅，电子天平、气相色谱仪。

四、实验步骤

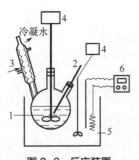

图 3-6　反应装置

1—反应烧瓶；2—温度计；3—冷凝管；4—搅拌器；5—恒温槽；6—温度控制仪

反应装置见图 3-6。

1. 以 20g 碳酸乙烯酯为基准，将一定量的甲醇加入三口烧瓶中，将三口烧瓶放置于恒温水浴锅中。原料甲醇与碳酸乙烯酯配比为 3，5，7，8，9，10，11，12。

2. 将恒温水浴调整到反应温度，打开搅拌装置，接通冷凝水，待温度达到预设的反应温度后，加入一定量的甲醇钠催化剂，开始反应。反应温度控制在 40℃，45℃，50℃，55℃，60℃，70℃，80℃。催化剂加入量（占甲醇和碳酸乙烯酯总质量的质量分数）0.1%，0.3%，0.5%，1.0%，1.5%，2.0%。

3. 搅拌回流的状态下，反应 120min，前 60min 每隔 10min 取样一次，后 60min，每隔 20min 取样一次。

4. 样品取出后用冷水冷却至室温，精确称量样品质量，向样品中加入内标物正丙醇，再精确称量样品质量。通过气相色谱检测样品中不同组分的浓度。

5. 气相色谱检测：利用离线气相色谱对反应之后的样品进行检测。本实验选用氢火焰检测器（FID）进行检测，采用内标法定量分析，内标物为正丙醇，进样量 0.2~0.6μL。色谱柱选用毛细柱 HP-FFAP 30m×0.32mm×0.5μm，载气为高纯氮，载气流速 30mL/min。色谱条件：气化室温度 220℃，检测器温度为 220℃，柱温箱采用程序升温，初温 70℃，保持 4.5min，以 15℃/min 的升温速率升至 200℃，再以 10℃/min 的升温速率升至 220℃保持 5min。

五、注意事项

1. 正确计算甲醇和催化剂的加入量，不同小组选用不同原料配比和催化剂用量。

2. 通过恒温水浴锅的温度控制反应温度，反应温度以反应体系中温度计的显示温度为准，考虑到传热过程的热损失，恒温水浴锅的设置温度需要略高于反应温度，请注意提前设置温控。

3. 实验过程取样时戴好防护用具，取样过程不要触碰到搅拌桨。

4. 搅拌电机开启后，禁止用手触碰电机，以免受伤。

5. 实验过程注意色谱仪的工作状况，如色谱仪报警，请立即与老师沟通。

六、实验数据记录

催化剂的用量：

原料配比：

反应温度：

序号	反应时间 /min	样品的质量 $m_{样}$/g	样品总质量 $m_{总}$/g	色谱检测峰面积			
				正丙醇	EC	DMC	EG

七、实验结果讨论

1. 实验采用碳酸乙烯酯（EC）的转化率、碳酸二甲酯（DMC）的选择性、乙二醇（EG）的选择性表征催化剂的催化性能。

样品中内标物正丙醇的质量分数：$x_{正} = \dfrac{m_{总} - m_{样}}{m_{总}} \times 100\%$

样品中 EC 的质量分数：$x_{EC} = \dfrac{A_{EC}}{A_{正}} \times f_{EC-正} \times x_{正}$

样品中 DMC 的质量分数：$x_{MDC} = \dfrac{A_{DMC}}{A_{正}} \times f_{DMC-正} \times x_{正}$

样品中 EG 的质量分数：$x_{EG} = \dfrac{A_{EG}}{A_{正}} \times f_{EG-正} \times x_{正}$

EC 的转化率：$X_{EC} = \dfrac{x_{EC-0} - x_{EC}}{x_{EC-0}} \times 100\%$

DMC 的选择性：$S_{DMC} = \dfrac{x_{DMC} \times \dfrac{M_{EC}}{M_{DMC}}}{x_{EC-0} - x_{EC}} \times 100\%$

EG 的选择性：$S_{EG} = \dfrac{x_{EG} \times \dfrac{M_{EC}}{M_{EG}}}{x_{EC-0} - x_{EC}} \times 100\%$

其中：

A_{EC}、A_{DMC}、A_{EG}、$A_{正}$——样品中由色谱测出的谱图上 EC、DMC、EG、正丙醇的峰面积；

$f_{EC-正}$、$f_{DMC-正}$、$f_{EG-正}$——EC、DMC、EG 相对于正丙醇的相对校正因子；

x_{EC}、x_{DMC}、x_{EG}——样品中 EC、DMC、EG 的质量分数；

x_{EC-0}——未反应的样品中 EC 的质量分数；

M_{EC}、M_{DMC}、M_{EG}——EC、DMC、EG 的摩尔质量，g/mol。

2. 分别考察催化剂用量、反应温度、EC/甲醇的摩尔配比以及反应时间对 EC 转化率的影响。对所得实验结果，包括曲线趋势合理性、误差分析、成败原因展开讨论。

3. 通过多组实验进行对比，获得间歇反应釜、甲醇钠为催化剂的最佳反应条件。

八、思考题

1. 通过文献调研，列举酯交换合成碳酸二甲酯的均相催化剂和非均相催化剂。

2. 如何利用气相色谱，采用内标法定量分析样品的组成？

3. 如何判定该反应是放热反应，还是吸热反应？

实验六　硝基苯催化加氢制备苯胺

一、实验目的

1. 掌握负载型金属催化剂的制备方法。
2. 掌握催化反应过程中催化剂的活性、选择性、产率等基本概念。
3. 了解不同温度、压力、底物浓度对 TiO_2 负载 Ni 的催化剂的催化活性和选择性的影响。
4. 熟悉液相高压反应釜的基本操作，熟练使用气相色谱对反应进程进行监测。

二、实验原理

　　苯胺又名氨基苯，阿尼林油，是最简单的一级芳香胺。无色或微黄色油状液体，有令人不愉快的气味。熔点 6.3℃，沸点 184℃，相对密度 1.02，相对分子量 93.128，加热至 370℃分解。微溶于水，易溶于乙醇、乙醚、苯等有机溶剂。暴露于空气中或日光下变为棕色。可用水蒸气蒸馏，蒸馏时加入少量锌粉以防氧化。提纯后的苯胺可加入 $(10\sim15)\times10^{-6}$ 的 $NaBH_4$，以防氧化变质。

　　苯胺作为一种非常重要的有机化工原料，可用于生产 MDI、染料、指示剂、建筑材料、农医药、橡胶制品及化工中间体等 300 多种产品。同时苯胺也可用作溶剂，用于汽油抗爆化合物的合成。苯胺在最早是用于生产染料及其中间体，随后才开始用于生产橡胶助剂，近期随着聚氨酯材料在建筑行业、汽车行业、电器行业以及包装材料等多个领域的广泛应用，市场对苯胺的需求也将持续迅速增长。我国 MDI 产业的迅猛发展激发了苯胺产能的大幅度提高，随着市场竞争的不断增强，目前国内已经有 21 家企业生产苯胺，2018 年产能达 3.525Mt，预估苯胺在聚氨酯领域仍将会有广阔的发展前景。

　　目前工业上硝基苯制苯胺生产工艺包括以下三种。

1. 硝基苯铁粉还原法

$$4 \bigodot\!\!-\!\!NO_2 + 9Fe + 4H_2O \longrightarrow 4 \bigodot\!\!-\!\!NH_2 + 3Fe_3O_4$$

2. 苯酚氨化法

$$\bigodot\!\!-\!\!OH + NH_3 \xrightarrow{\text{氨解}} \bigodot\!\!-\!\!NH_2 + H_2O$$

3. 硝基苯催化加氢法

催化加氢法又可以分为固定床催化加氢，流化床催化加氢以及液相催化加氢。工业上最先利用的是铁粉还原法，但由于铁消耗较大，对设备造成巨大腐蚀作用，造成环境大污染，从而成本较高，目前已基本不再使用。苯酚氨化法工艺相对简单、原料容易获得、催化剂价格低、产生的废气液相对较少，能实现连续化产出，但其工艺成本较高。催化加氢制苯胺具有污染少、反应温度低、副反应少、产能大、投资费用低的优势。固定床气相催化加氢成本低，无需单独对催化剂进行分离，反应温度低，产品质量好，但由于传热效果不佳从而引发副反应发生和催化剂失活现象。流化床气相催化加氢，操作复杂，对催化剂磨耗大，维修成本高。液相催化加氢工艺是催化剂选用 Pt、Pd、Rh、Ru 和 Ni 金属催化剂，温度为 80～200℃，氢气压为 1～4MPa，最终产物苯胺选择性>99%，副产物相对少，简化了实验操作流程，同时加氢催化剂不用再生，省去了催化剂再生系统，降低了总投资成本。目前液相催化加氢技术已然变为市场主要需求，而催化剂是实现高活性、高选择性和高稳定性的关键。非贵金属催化剂如 Ni，Co，Fe 和 Cu 基催化剂价格低廉，储量丰富，其中 Ni 系催化剂加氢性能较好，本实验选择便宜的 Ni/TiO_2 为硝基苯加氢催化剂。

三、实验试剂及仪器

1. 主要实验试剂

正十二烷，分析纯；硝酸镍，分析纯；TiO_2，分析纯；硝基苯，分析纯；苯胺，分析纯；甲醇，分析纯；正十二烷，分析纯。

2. 主要实验仪器

反应釜（含有聚四氟乙烯内衬），气相色谱仪，SE-54 毛细管柱。

四、实验步骤

1. Ni/TiO_2 催化剂的制备

打开水浴锅加热至 85℃，称取 0.5g TiO_2 于烧杯中，称取 0.155g 硝酸镍并溶于 5ml 水中，超声溶解均匀。后将烧杯置于加热器上，再将混合均匀的硝酸镍溶液逐滴加入 TiO_2 粉末中，每滴加入后蒸干再加入第二滴，搅拌蒸干至硝酸镍溶液全部耗尽。将浸渍完成的 $Ni-TiO_2$（未还原）均匀地铺在石英舟中，将石英舟放在管式炉中 H_2（30mL/min）气氛下以 5℃/min 升温到 500℃，保持 2h 自然降温至室温，完成对 Ni 金属的还原，取出石英舟得到催化剂 $Ni-TiO_2$。

2. 硝基苯液相加氢反应

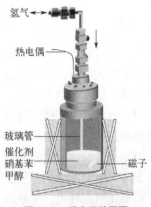

氢气——

热电偶——

玻璃管——
催化剂
硝基苯
甲醇

磁子

图 3-7 反应釜装置图

（1）称取 50mgNi/TiO$_2$ 于聚四氟乙烯内衬中，再称取 0.5g 的硝基苯和 30ml 甲醇，再将装有混合液的内衬放于高压反应釜（图 3-7）内，将高压反应釜密闭后置于磁力加热搅拌器中，先通入 1MPa 的 H$_2$ 3 次排除装置中的空气，之后通入 1MPa H$_2$，同时采用氢气检测器对反应釜的气密性进行检查（若氢气检测器报警氢气泄漏，则应关闭氢气阀，重新密封反应釜）。

（2）将磁子转速调到 500r/min，将反应釜温度升至 80℃时，再通入 H$_2$ 直至压力达到 3MPa，开始计时。待反应 3h 后，将高压反应釜从磁力加热搅拌器中取出，当反应釜温度降至室温后，打开高压反应釜的出气阀，排空 H$_2$。之后打开反应釜，加入 0.5g 内标正十二烷，取出溶液用过滤器过滤，用气相色谱微量进液针取过滤液 1μL，并将其注射到气相色谱仪中检测。

（3）在测样之前将甲醇、硝基苯、苯胺和内标物正十二烷以不同比例混合，绘制甲醇、硝基苯、苯胺的内标曲线，计算出 $K_{硝基苯,正十二烷}$=加入的硝基苯物质的量/硝基苯峰面积/（加入的正十二烷物质的量/正十二烷峰面积），$K_{苯胺,正十二烷}$=加入的苯胺物质的量/苯胺峰面积/（加入的正十二烷物质的量/正十二烷峰面积）

3. 气相色谱检测

气相色谱仪 H$_2$ 流量设为 50～80ml/min，空气流量为 200～300ml/min，载气流量为 3～5mL/min。进样温度设置为 280.0℃，柱炉温度设置为 130.0℃，FID 温度设置为 280.0℃。

五、注意事项

1. 实验过程中请穿实验服，戴口罩和手套。
2. 催化剂还原过程中注意管式炉使用安全。
3. 反应釜中做实验过程中，用 H$_2$ 报警器检测 H$_2$ 是否泄漏，反应过程中不要烫伤。
4. 反应釜反应结束，必须降至室温，排空 H$_2$ 后再打开反应釜。
5. 实验过程注意色谱仪的工作状况，如色谱仪报警，请立即与老师沟通。

六、实验数据记录

催化剂的用量：
溶剂用量：
反应时间：

序号	反应温度/℃	反应压力/MPa	硝基苯加入量/g	反应时间/h	色谱检测峰面积			
					硝基苯	苯胺	十二烷	其他产物

续表

序号	反应温度/℃	反应压力/MPa	硝基苯加入量/g	反应时间/h	色谱检测峰面积			
					硝基苯	苯胺	十二烷	其他产物

七、实验结果讨论

1. 本实验采用硝基苯的转化率和苯胺的选择性来表征催化剂的催化性能。

产物中硝基苯的物质的量：$n_{硝基苯}=\dfrac{n_{正十二烷}}{A_{正十二烷}}\times A_{硝基苯}\times K_{硝基苯,正十二烷}$

产物中苯胺的物质的量：$n_{苯胺}=\dfrac{n_{正十二烷}}{A_{正十二烷}}\times A_{苯胺}\times K_{苯胺,正十二烷}$

硝基苯的转化率$=\dfrac{n_{硝基苯加入}-n_{硝基苯}}{n_{硝基苯加入}}$

苯胺的选择性$=\dfrac{n_{苯胺}}{n_{硝基苯加入}-n_{硝基苯}}$

其中：

$A_{正十二烷}$、$A_{硝基苯}$和$A_{苯胺}$——产物中由色谱仪测出的谱图上正十二烷、硝基苯和苯胺的峰面积；

$K_{硝基苯,正十二烷}$和$K_{苯胺,正十二烷}$——硝基苯和苯胺相对于正十二烷的相对校正因子；

$n_{硝基苯加入}$、$n_{硝基苯}$和$n_{苯胺}$——加入的底物硝基苯，产物中的硝基苯和苯胺物质的量，mmol。

2. 分别探究反应温度、反应压力和硝基苯浓度及反应时间对硝基苯转化率和苯胺选择性的影响。对所得实验结果，包括曲线趋势合理性、误差分析、成败原因展开讨论。

3. 计算反应的表观活化能以及对反应温度和压力的反应级数。

八、思考题

1. 常用的硝基苯液相加氢催化剂有哪些？

2. 催化剂活性评价之前，为什么要用 H_2 还原？

3. 反应温度和压力级数有什么意义？

4. 釜式反应器与固定床反应器相比有什么优缺点？

实验七 复合金属氧化物催化合成聚对苯二甲酸乙二醇酯

一、实验目的

1. 掌握沉淀方法制备复合金属氧化物催化剂的方法。

2. 掌握酯化反应、缩聚反应的特点。

3. 掌握真空条件下间歇反应釜的操作方法。

4. 了解影响催化剂活性的因素。

二、实验原理

聚对苯二甲酸乙二醇酯（PET）分子链是由刚性的酯基苯环部分和柔性的–CH$_2$–CH$_2$–部分组成（图 3-8），是一种半结晶型热塑性聚酯材料，具有良好的成纤性、热稳定性、透光性能、机械性能、电绝缘性等，被广泛地应用于包装业、医疗业、汽车制造、电子电器等领域，需求量日益增加。全球 PET 第一条生产线是由美国杜邦公司设计完成，随着石油化工的崛起，PET 聚酯工业得到了迅速发

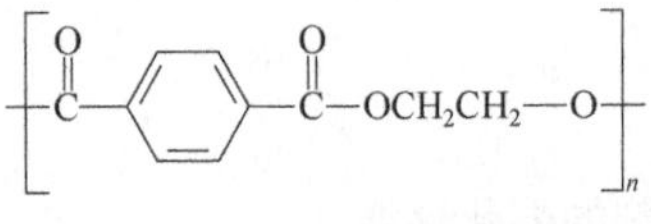

图 3-8　PET 分子结构

展。我国早期生产 PET 的设备、技术主要来源于国外。为了打破国际 PET 技术的垄断，国内研究者对 PET 技术开展自主研发，在 20 世纪 90 年代成功打破了 PET 生产技术的垄断，掌握了 PET 生产的技术核心和设备工艺。通过近十年的发展，我国已经成为全球聚酯产能、产量最大的国家。

目前，PET 的合成主要包括两种工艺，酯交换法（DMT 法）和直接酯化法（PTA 法）。DMT 法是将一定比例的对苯二甲酸二甲酯和乙二醇加入反应器，在催化剂存在条件下进行酯交换反应，生成对苯二甲酸双羟乙酯，反应结束后，再加入催化剂和稳定剂进行缩聚反应得到 PET。PTA 法是通过对苯二甲酸和乙二醇直接酯化、缩聚合成 PET，该工艺是目前工业上生产 PET 主要方法。乙二醇是生产 PET 的原料，我国 90% 以上的乙二醇都用于 PET 的生产。

PTA 法合成 PET 过程主要包括酯化反应与缩聚反应。酯化反应过程中，由于对苯二甲酸在乙二醇中的溶解度很低，初始反应速率较慢，反应只发生在两相界面处。随着酯化反应的进行，中间产物对苯二甲酸双羟乙酯（BHET）不断增加，PTA 在 BHET 中的溶解度很好，此时酯化反应就会从界面反应转移至溶液变为均相反应，反应速率逐渐加快。缩聚反应通常是在高真空条件下进行，一般要求真空度小于 100Pa，有利于把缩聚反应生成的副产物乙二醇从反应体系中脱除，降低逆反应的反应速率，促进缩聚反应正向进行，提高反应程度。

酯化反应：

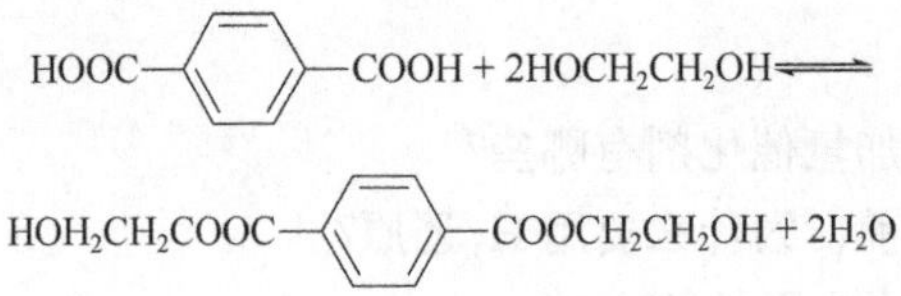

$$HOOC-\!\!\!\bigcirc\!\!\!-COOH + 2HOCH_2CH_2OH \rightleftharpoons$$

$$HOH_2CH_2COOC-\!\!\!\bigcirc\!\!\!-COOCH_2CH_2OH + 2H_2O$$

缩聚反应：

$$n HOH_2CH_2COOC-\!\!\!\bigcirc\!\!\!-COOCH_2CH_2OH \rightleftharpoons$$

$$HOCH_2CH_2O \!-\!\! \left[OC-\!\!\!\bigcirc\!\!\!-COOCH_2CH_2O \right]_n \!\!\!-\! H + (n-1)HOCH_2CH_2OH$$

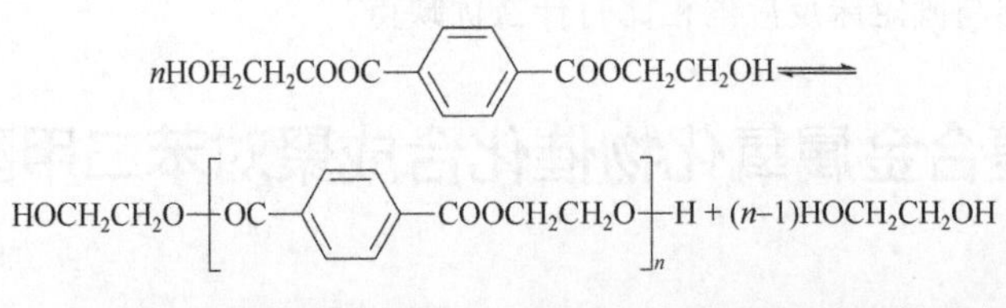

PTA 法合成 PET 的关键是缩聚催化剂，工业生产中常用的缩聚催化剂主要是 Sb$_2$O$_3$。尽管 Sb$_2$O$_3$ 催化剂的催化反应速率适中，生产的 PET 产品质量较好，但锑是重金属，有潜在的致癌作用。近年来，铝系催化剂催化合成 PET 受到广泛关注。铝系催化剂主要包括无机铝和有机铝，无机铝催化剂的活性较低，有机铝易分解、稳定性较差。为了克服无机铝和有机铝

的不足，研究者又研发了铝基复合氧化物催化剂，表现出了优异的催化性能。本实验采用沉淀法制备 Zn/Al 复合氧化物催化剂用于 PET 合成的研究。

三、实验试剂和仪器

1. 主要实验试剂

$Zn(NO_3)_2 \cdot 6H_2O$，$Al(NO_3)_3 \cdot 9H_2O$，尿素，对苯二甲酸、乙二醇，苯酚，三氯甲烷，四氯乙烷，氢氧化钾，乙醇，均为分析纯。

2. 主要实验仪器

三口烧瓶，电子天平，集热式恒温加热磁力搅拌器，马弗炉，干燥箱，酯化缩聚反应釜，水循环真空泵。

四、实验步骤

PET 合成装置见图 3-9。

（一）催化剂的制备方法与表征

1. 催化剂的制备方法

① 称取 Zn∶Al 物质的量比为 1 的 $Zn(NO_3)_2 \cdot 6H_2O$ 和 $Al(NO_3)_3 \cdot 9HO$，配制成 $C(Zn^{2+}+Al^{3+})=0.15$ mol/L 的水溶液。

② 加入沉淀剂尿素，n(尿素)∶n(Zn+Al) = 7，在 90℃下搅拌反应 24h。

③ 反应结束之后，过滤、洗涤，80℃干燥 2h，120℃干燥 3h。

④ 将干燥后的样品放置到马弗炉中，焙烧温度 500℃，焙烧气氛空气，焙烧时间 3h，制得 $ZnAlO_x$ 复合氧化物催化剂。

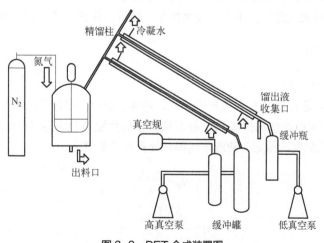

图 3-9　PET 合成装置图

2. 催化剂的表征

采用多功能物理吸附仪对催化剂进行低温 N_2 吸脱附测定,确定催化剂的比表面积及孔结构;采用 X-射线粉末衍射仪(XRD)测试催化剂的物相。

(二)PET 的合成与性能测试

1. PET 的合成

(1)酯化反应

① 在反应釜中依次加入对苯二甲酸、乙二醇和催化剂,其中乙二醇和对苯二甲酸的物质的量比为 1.5:1,催化剂用量为单体投料总质量的 1‰,低转速混合打浆,使得反应物充分混合。

② 向反应体系中缓慢地通入氮气,排出体系中的空气,用氮气置换 3 次,保证体系中是氮气氛围。

③ 打开循环水,设定搅拌转速为 35r/min,反应系统升温至 220～240℃,当放水阀有蒸汽水流出时,视为酯化反应开始,记录时间。

④ 随着酯化反应的进行,副产物水逐渐增多,水的气化导致釜内压力逐渐升高,可通过蒸馏柱端放水阀控制釜内压力在 0.2～0.3MPa。

⑤ 酯化反应过程中,每隔一段时间收集馏出液,并密封保存,当收集到的馏出液达到理论出水量的 96%时,视为酯化反应结束。

(2)缩聚反应

① 酯化反应结束后,缓慢升高反应体系的温度,在 30min 左右把体系温度升温至 260～270℃,转速增大至 60r/min。

② 打开水循环真空泵开始抽真空,直至系统压力降至 100Pa 左右,保持真空度在 100Pa以内,缩聚反应开始。

③ 随着缩聚的进行,产物的分子量不断增大,物料的黏度增加,搅拌电机功率逐渐升高,当搅拌功率达到 21W 时,缩聚反应结束,关闭电源。

④ 向反应体系充入氮气,出料,经水冷却,切粒,得到 PET 产品,烘干保存。

2. PET 性能的测试

(1)特性黏度的测试

称取 0.125g 制备的 PET 样品放置于 50mL 的容量瓶中,配置质量比为 1:1 的苯酚和四氯乙烷混合液,80℃搅拌加热使得 PET 样品溶解于混合液中形成待测聚酯溶液,溶液浓度为0.005g/ml。用乌氏黏度计测定溶液流出时间并计算特性黏度 η。

$$\eta_{sp} = \frac{t - t_0}{t_0}$$

$$\eta = \frac{\sqrt{1 + 1.4\eta_{sp}} - 1}{0.7c}$$

其中,t、t_0——聚酯溶液、溶剂的流出时间,s;

η_{sp} ——增比黏度；

c ——试样溶液浓度，g/L；

η ——特性黏度，L/g。

（2）端羧基含量测试

称取 2g 制备的 PET 样品，配置体积比为 2∶3 的苯酚和三氯甲烷混合溶剂 50mL，加入 2~3 滴溴酚蓝为指示剂，配置浓度为 0.05mo/L 的氢氧化钾-乙醇溶液作为滴定试剂，滴定终点为溶液由黄色变为蓝色。端羧基含量 X 为：

$$X = \frac{(V - V_0)C}{m}$$

其中，V、V_0 ——试样溶液、空白溶液消耗的氢氧化钾-乙醇溶液的体积，mL；

C ——氢氧化钾-乙醇溶液的物质的量的浓度，mol/mL；

m ——所测 PET 质量，g。

五、注意事项

1. 正确称取反应原料、催化剂、溶剂的质量或者体积，并做好记录。
2. 正确使用烘箱、马弗炉，避免烫伤。
3. 正确使用酯化缩聚反应釜，避免烫伤。
4. 酯化反应过程中注意观测和记录蒸馏柱顶温度，准确判定反应结束时间。
5. 正确使用真空泵，避免真空泵空转。
6. 缩聚反应过程中注意观测和记录电机功率，准确判定反应结束时间。

六、实验数据记录

1. 催化剂的制备：硝酸锌的质量，硝酸铝的质量，尿素的质量。
2. 催化剂前驱体的干燥：烘箱温度，干燥起始、结束时间。
3. 催化剂的焙烧：程序升温速率，焙烧温度，焙烧起始、结束时间。
4. 酯化反应：对苯二甲酸、乙二醇和催化剂的用量，酯化反应开始、结束时间，搅拌转速，反应系统的温度、压力，蒸馏柱顶温度，收集的馏出液时间、质量。
5. 缩聚反应：反应系统的温度、真空度，搅拌转速，电机功率，所得产品质量。
6. 特性黏度的测试：PET、苯酚、1,1,2,2-四氯乙烷的质量，测试样品的浓度，测试样品溶液、溶剂的流出时间。
7. 端羧基含量测试：PET 样品质量，苯酚、氯仿体积，氢氧化钾-乙醇溶液的使用量。

七、实验结果讨论

1. 分析催化剂的 N_2-吸脱附曲线，催化剂的比表面积、孔径分布。
2. 分析催化剂 XRD 谱图，确定催化剂的晶型。
3. 计算 PET 的收率。
4. 计算 PET 的特性黏度、端羧基含量。

八、思考题

1. 通过查阅文献介绍聚酯的种类及用途。
2. 催化剂制备过程中，尿素的作用是什么?
3. 缩聚反应为什么要在高真空度的条件下进行?
4. PET 合成过程中，如何判定酯化反应是否完全?
5. 通过滴定方法如何确定端羧基的含量?
6. 对比不同组学生的实验结果，分析一下相同的反应条件结果是否一致? 如果不一致，请分析可能的原因。

实验八 费托合成到汽油烃的催化剂制备及评价

一、实验目的

1. 掌握铁基催化剂的制备方法以及改性技术手段。
2. 加深对催化反应过程的认识与了解: 费托合成催化反应过程的具体步骤，催化反应的机理; 测定费托合成制备液态烃的转换率，一氧化碳的选择性，汽油烃的选择性; 能够绘制工艺参数条件对催化性能的曲线图。
3. 掌握固定床反应器以及气相色谱的使用规则，熟悉实验室小试评价分析设备。

二、实验原理

随着石油资源的日益枯竭，寻找替代能源已成为重要的国家战略性课题。结合我国的能源结构，利用丰富的煤炭资源，大力发展煤制油产业，对于缓解石油进口压力同时实现洁净能源生产具有非常重要的意义。而费托合成 (Fischer-Tropsch Synthesis) 则是实现煤和天然气催化转化为液体燃料的核心技术。德国化学家 Fischer 和 Tropsch 最早在 20 世纪 20 年代成功开发出费托合成技术，它是以合成气 (CO/H$_2$) 为原料在催化剂和适当反应条件下合成以石蜡烃为主的液体燃料的工艺过程。目前，以煤为原料通过费托合成法制取的轻质发动机燃料，虽然在经济上尚不能与石油产品相竞争，但是对于像我国一样具有丰富廉价的煤炭资源而石油资源贫缺的国家或地区解决发动机燃料的需要，费托合成技术具有良好的发展前景和应用价值。

费托合成是 CO 和 H$_2$ 分子在催化剂表面发生聚合反应生成长链烃的过程。其通常的主反应式为:

$$(2n+1)H_2+nCO \longrightarrow C_nH_{2n+2}+nH_2O$$
$$2nH_2+nCO \longrightarrow C_nH_{2n}+nH_2O$$

所得产物主要成分是烷烃、烯烃，副产品有少量芳烃、水和二氧化碳。其中生成的烷烃大多倾向于成直链，适合作为柴油燃料。费托合成通常采用铁、钴或钌作为反应催化剂。催化剂往往被担载在碳或二氧化硅等载体上以优化其活性。三种常见的费托催化剂中，贵金属钌的活性最好，但是由于制备成本昂贵，难以大规模推广。钴和铁作为常用的活性金属获得了广泛研究。其中铁基催化剂由于廉价易得，操作范围灵活以及优良的碳链增长能力得到更广泛研究和应用。另外铁催化剂会大量生成烯烃及含氧化合物，具有较高的水煤气变换反应（WGS）活性和较低的甲烷选择性，适合于低氢碳比的煤基合成气的费托合成。一般来讲，单纯的铁基催化剂的活性、稳定性及选择性均不理想，不符合大规模工业生产的要求。因此，在铁基催化剂的制备过程中，一般需要添加各种助剂来合理调节催化剂的各项性能指标（图 3-10）。

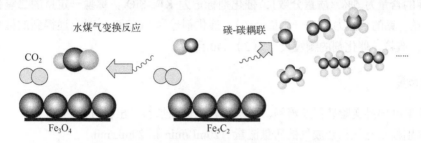

图 3-10　铁基催化剂上进行费托合成制备高值烃

三、实验试剂及仪器

1. 主要试剂

硝酸铁 $Fe(NO_3)_3 \cdot 9H_2O$，分析纯；硝酸钴 $Co(NO_3)_2 \cdot 6H_2O$，分析纯；硝酸钾 KNO_3，分析纯；氧化铝 $\gamma\text{-}Al_2O_3$，40～60 目；石英砂 SiO_2，分析纯。

2. 主要仪器

马弗炉，干燥箱，电子天平，集热式恒温加热磁力搅拌器，压片机，玛瑙研钵，催化剂分级筛，固定床反应器，气相色谱。

四、实验步骤

CO 加氢反应实验装置如图 3-11 所示。

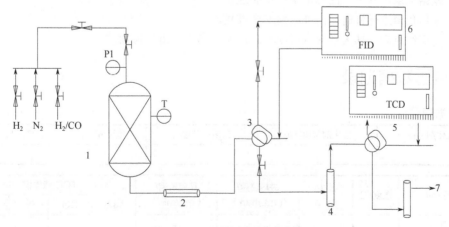

图 3-11　CO 加氢反应实验装置

1—固定床反应器；2—背压阀；3—六通阀；4—水阱；5—六通阀；6—气相色谱仪；7—皂沫流量计

1. 催化剂制备合成

称量一定量的二氧化硅，等体积浸渍铁，其中铁的含量为 15%（质量分数），标记为 $Fe-SiO_2$；类似地，称量一定量的二氧化硅，等体积浸渍铁和钾，其中铁的含量为 15%（质量分数），钾的含量为 5%（质量分数），催化剂标记为 $KFe-SiO_2$；称量一定量的二氧化硅，等体积浸渍钴，钴的含量为 15%（质量分数），催化剂标为 $Co-SiO_2$。对上述得到的催化剂分别进行压片、造粒，催化剂的颗粒尺寸为 20～40 目。

2. 操作步骤

① 了解并熟悉实验装置及流程，明确物料走向及加料、出料方法。

② 分别校正氢气和合成气的质量流量（20mL/min 和 20mL/min）。

③ 将压片好的催化剂转入到固定床反应管中，随后通入氮气进行保压测试，压力升高至 1.5MPa，保持 1h，确保保压时间范围内压力不变后随后将压力卸除。

④ 将氮气切换为氢气，将反应器温度逐步升高至预定温度，设定氢气还原流速（20～30mL/min），还原 6h。

⑤ 还原结束后温度降至 50℃，流动气体依旧为氢气。

⑥ 打开色谱仪载气阀门，开启色谱仪，设置升温程序并进行点火。

⑦ 开始反应前，将氢气切换为反应气体，设定反应气体流速（20～30mL/min），将反应温度、压力升至设定温度、压力。

⑧ 调节工艺参数，稳定半小时，等待系统反应稳定后记录数据。

⑨ 停止加热，缓慢卸压，等待压力降至大气压，温度降至室温后通入空气进行吹扫。

⑩ 拆卸反应管，将反应后不再回收使用的催化剂丢置于可燃物垃圾箱，采用清水反复冲刷反应管之后用无水乙醇清洗若干次，随后移入干燥箱进行干燥处理。

五、注意事项

1. 整个操作过程中注意温度、压力。
2. 数据记录过程中，注意记录尾气流速。
3. 采用色谱进样针时，内部活塞勿全部拔出。
4. 反应结束后，通入空气进行吹扫降至室温后方可进行拆卸。

六、实验数据记录

数据记录：

催化剂名称	催化剂装填量/g	二氧化硅量/g	室温/℃	大气压/kPa

时间/min	温度/℃	压力/kPa	进料流速/（mL/min）	尾气流速/（mL/min）	TCD 峰面积			
					CO_2	CO	N_2	CH_4
20								
40								

续表

时间/min	温度/℃	压力/kPa	进料流速/（mL/min）	尾气流速/（mL/min）	TCD 峰面积			
					CO_2	CO	N_2	CH_4
60								
80								
100								
120								
140								
160								
180								
200								
220								
240								
260								
280								
300								

烃类型	FID 峰面积					
	60min	120min	180min	240min	300min	360min
C1						
C2						
C3						
C4						
C5						
C6						
C7						
C8						
C9						
C10						

七、实验结果讨论

采用气相色谱检测样品中各物质的含量，假设样品中所有物质在色谱条件下都出峰，且各物质的校正因子近似相同，可采用面积归一化法计算样品中不同物质的含量。相关的计算公式如下：

$$CO_{转化率} = \frac{CO_{in} - CO_{out}}{CO_{in}} \times 100\%$$

CO_{in}：进口中 CO 摩尔分数；CO_{out}：出口中 CO 摩尔分数。

$$CO_{2选择性} = \frac{CO_{2\,out}}{CO_{in} - CO_{out}} \times 100\%$$

$CO_{2\,out}$：出口中 CO_2 摩尔分数。

$$C_{i\text{烃选择性}} = \frac{C_i\text{烃摩尔分数}\times\text{对应烃中碳数}i}{C_i\text{烃摩尔分数}\times\text{对应烃中碳数}i\text{之和}}\times100\%$$

对以上的实验数据进行处理，分别将转化率、选择性及收率对反应温度做出关系图，找出最适宜的反应温度区域，并对所得实验结果进行讨论。

八、思考题

1. 费托合成反应是吸热反应还是放热反应？影响催化反应过程的因素有哪些？
2. 如何提高目标催化产物的收率？
3. 改进催化剂性能的方式有哪些？
4. 实验过程中为什么采用催化剂物理混合石英砂？

参考文献

[1] 黄仲涛, 彭峰. 工业催化及设计与开发[M]. 北京: 化学工业出版社, 2009.

[2] 甄开吉, 李荣生. 催化作用基础: 第 3 版[M]. 北京: 科学出版社, 2005.

[3] 吴越. 应用催化基础[M]. 北京: 化学工业出版社, 2009.

[4] 黄仲涛, 彭峰. 工业催化: 第 3 版[M]. 北京: 化学工业出版社, 2014.

[5] 辛勤, 罗孟飞, 徐杰. 现代催化研究方法新编(上、下)[M]. 北京: 科学出版社, 2018.

[6] 郭翠梨. 化工原理实验: 第 2 版[M]. 北京: 高等教育出版社, 2013.

[7] 王俊文, 张忠林. 化工基础与创新实验[M]. 北京: 国防工业出版社, 2014.

[8] 张慧恩, 周旭章, 蔡艳. 化学工程实验技术与方法[M]. 浙江: 浙江大学出版社, 2012.

[9] 童志平. 工程化学基础实验[M]. 成都: 西南交通大学出版社, 2006.

[10] 郭军红. 化学工程与工艺专业实验[M]. 北京: 化学工业出版社, 2018.

[11] 冯红艳, 徐铜文, 杨伟华. 化学工程实验[M]. 安徽: 中国科学技术大学出版社, 2014.

附录1 常见参考信息表

表1 常温下空气中 N_2 分子的几个参量

气体压强/Torr	平均自由程/cm	分子密度/（个/cm³）	分子碰撞率/[个/（cm²·s）]	形成单层时间/s
760	$6.7×10^{-6}$	$2.46×10^{19}$	$2.9×10^{23}$	$2.9×10^{-9}$
10	$5.1×10^{-4}$	$3.25×10^{17}$	$3.8×10^{21}$	$2.2×10^{-7}$
10^{-3}	5.1	$3.25×10^{13}$	$3.8×10^{17}$	$2.2×10^{-3}$
10^{-6}	$5.1×10^3$	$3.25×10^{10}$	$3.8×10^{14}$	2.2
10^{-9}	$5.1×10^6$	$3.25×10^7$	$3.8×10^{11}$	$2.2×10^3$
10^{-14}	$5.1×10^{11}$	$3.25×10^2$	$3.8×10^6$	$2.2×10^8$
10^{-17}	$5.1×10^{14}$	0.325	$3.8×10^3$	$2.2×10^{11}$

注：1Torr≈133.32Pa

表2 不同压强下气体分子所呈现的物理状态

真空区域	压强范围/Pa	物理现象
低真空	10^3～大气压	$λ<d$，气体分子间碰撞
中真空	10^{-1}～10^3	$λ=d$，气体分子间以及气体分子与容器壁碰撞
高真空	10^{-6}～10^{-1}	$λ>d$，气体分子与容器壁碰撞
超高真空	10^{-10}～10^{-6}	形成单分子层时间较长
极高真空	低于 10^{-10}	容器内分子数目较少

注：$λ$ 为分子平均自由程；d 为容器直径

附录2 催化剂常见相关参考信息

表3 催化反应类型

反应	催化剂	反应物	示例
均相催化反应	气相	气相	用 NO_2 催化 SO_2 氧化
	液相	液相	酸和碱催化葡萄糖的变旋光作用
	固相	固相	MnO_2 催化 $KClO_3$ 分解
多相催化反应	液相	气相	用 H_3PO_4 进行烯烃聚合
	固相	液相	Au 使 H_2O_2 分解
	固相	气相	用 Fe 催化合成 NH_3
	固相	液相+气相	Pd 催化硝基苯加氢成苯胺
酶催化	酶	基质	H_2O_2 分解酶催化 H_2O_2 分解

表4 各种工业催化剂的形状

形状类别	反应床	代表形状	大的直径	成型机	提供原料
片状	固定床	圆柱	3～10mm	压片机	粉料
环状	固定床	环状	10～20mm	打片机	粉料
球状	固定床	球状	5～25mm	造粒机	粉料、浆料
	移动床				
特殊形状挤出品	固定床	三叶形	(2～4) mm × (10～20)mm	挤出成型机	浆料
		四叶形			
球粒状	固定床	小型球粒	0.5～5mm	油中球状成型机	溶胶
	移动床				
微球	流化床	微球状	20～200μm	喷雾干燥机	溶胶、游浆
颗粒	固定床	不定形	2～14mm	粉碎机	团块
粉末	悬浮床	不定形	0.1～80μm	粉碎机	团块

表5 固体催化剂按化合形态和导电性分类

类别	金属	氧化物及硫化物		盐类
催化剂举例	Ni、Pt、Cu	Cr_2O_3、V_2O_5、MoS_2	Al_2O_3、TiO_2	SiO_2-Al_2O_3、$NiSO_4$
导电性	导体	半导体	半导体	半导体
催化功能举例	加氢、脱氢、氢解、氧化	氧化、还原、脱氢、环化、加氢	脱水、异构	聚合、异构、裂解、烷基化

表6　一些催化裂化助剂

助剂名称	组分特点	作用
助燃剂	Pt、Pd/Al_2O_3 等	将再生烟气中 CO 转化为 CO_2，减少空气污染，降低再生剂碳含量，利用反应热
钝化剂 辛烷值助剂	含 Ti 或 Bi 化合物以及其他非 Ti 化合物 含 H-ZSM-5	钝化渣油裂化催化剂上污染的金属 择形裂化汽油中低辛烷值的直链烷烃
渣油裂化助剂	含少量脱铝 Y 沸石，根据原料性质，含有不同量的活性载体	协助渣油催化剂裂化大分子
流动改进剂	细粉多的裂化催化剂	改善流动状态
SO_x 转移剂	含 MgO 类型的化合物	在再生器中反应生成硫酸盐，然后在反应器、汽提段中还原析出 H_2S，回收硫黄，降低 SO_2 的排放量

表7　助催化剂及其作用类型

反应过程	催化剂（制法）	助催化剂	作用类型
氨合成 $N_2+3H_2 \rightarrow 2NH_3$	Fe_3O_4、Al_2O_3、K_2O （热溶解法）	Al_2O_3、K_2O	Al_2O_3 结构助剂，K_2O 电子助剂，降低电子逸出功，使 NH_3 易解吸
CO 中混交换 $CO+H_2O \rightarrow CO_2+H_2$	Fe_3O_4、Cr_2O_3 （沉淀法）	Cr_2O_3	结构性助催化剂，与 Fe_3O_4 形成固溶体，增大比表面积，防止烧结
萘氧化 萘+氧→邻苯二甲酸酐	V_2O_5、K_2SO_4 （浸渍法）	K_2SO_4	与 V_2O_5 生成共熔物，增加 V_2O_5 的活性和生成邻苯二甲酸酐的选择性、结构性
合成甲醇 $CO+2H_2 \rightarrow CH_3OH$	CuO、ZnO、Al_2O_3 （共沉淀法）	ZnO	结构性助催化剂，把还原后的细小 Cu 晶粒隔开，保持大的 Cu 表面
轻油水蒸气转化 $C_nH_m+nH_2O \rightarrow nCO+(0.5m+n)H_2$	NiO、K_2O、Al_2O_3 （浸渍法）	K_2O	中和载体 Al_2O_3；表面酸性，防止结炭，增加低温活性、电子性

表8　分子筛化学组成和孔径

催化剂	沉淀法	烧结法	熔融法	催化剂	沉淀法	烧结法	熔融法
比表面积/（m^2/g）	200～400	70～100	5～10	比活性	高	低	低
孔容	高	低	低	操作温度/℃	220～250	可变的	320～350

表9　工业催化剂的性能要求及其物理化学性质

性能要求	物化性质
1. 活性 2. 选择性 3. 寿命：稳定性、强度、耐热性、抗毒性、耐污染性 4. 物理性质：形状、颗粒大小、粒度分布、密度、比热容、传热性能、成型性能、机械强度、耐磨性、粉化性能、焙烧性能、吸湿性能、流动性能等 5. 制造方法：制造设备、条件、制备难易、活化条件、储藏和保管条件等 6. 使用方法：反应装置类型、充填性能、反应操作条件、安全和腐蚀情况、活化再生条件、回收方法 7. 无毒 8. 价格便宜	1. 化学组成：活性组分、助催化剂、载体、成型助剂 2. 电子状态：结合状态、原子价状态 3. 结晶状态：晶型、结构缺陷 4. 表面状态：比表面积、有效表面积 5. 孔结构：孔容积、孔径、孔径分布 6. 吸附特性：吸附性能、脱附性能、吸附热、湿润热 7. 相对密度、真密度、比热容、导热性 8. 酸性：种类、强度、强度分布 9. 电学和磁学性质 10. 形状 11. 强度

表10　分子筛化学组成和孔径

类型	孔径/Å	单元晶胞化学组成	硅铝原子比
4A	4.2	$Na_{12}[(AlO_2)_{12}(SiO_2)_{12}] \cdot 27H_2O$	1:1
5A	5	$Na_{12}Ca_{4.7}[(AlO_2)_{12}(SiO_2)_{12}] \cdot 31H_2O$	1:1
13X	8～9	$Na_{86}[(AlO_2)_{86}(SiO_2)_{106}] \cdot 264H_2O$	(1.5～2.5):1

续表

类型	孔径/Å	单元晶胞化学组成	硅铝原子比
Y	8～9	$Na_{56}[(AlO_2)_8(SiO_2)_{40}] \cdot 24H_2O$	(2.5～5)：1
丝光沸石	5.8～6.9	$Na_8[(AlO_2)_8(SiO_2)_{40}] \cdot 24H_2O$	5：1
ZSM-5	5.4×5.6 5.1×5.5	$xM_2O \cdot (1-x)(R_4N)_2O \cdot Al_2O_3 \cdot pSiO_2 \cdot qH_2O$[①]	>6

① M 为+1 价金属原子；R_4N 为季铵离子。

注：1Å=0.1nm，下同。

表11　馏分油加氢精制所用催化剂的类型

工艺过程	催化剂类型	工艺过程	催化剂类型
石脑油加氢精制	Co-Mo	粗柴油	Ni-Mo
煤油	Co-Mo	煤油的烟点改进	中等（Ni-W）
粗柴油加氢脱硫	Co-Mo		高（Ni-W）
减压馏分油加氢脱硫	Co-Mo	二次加工装置（焦化、减黏、催化裂化）	Ni-Mo
石脑油加氢脱硫、脱氮	Ni-Mo	石脑油和粗柴油的加氢脱硫	Ni-W

表12　国产加氢精制催化剂

牌号	金属组分	载体	堆积密度/（g/cm³）	形状	应用范围
3641	Co-MoO₃	γ-Al₂O₃		片	直馏或二次加工汽油
3665	Ni-MoO₃	γ-Al₂O₃	0.84	片	直馏或二次加工汽油、煤油
3761	CaO-NiO-MoO₃	γ-Al₂O₃	1.03	片	直馏或二次加工汽油、煤油、柴油
3771	Ni	γ-Al₂O₃		球	裂解汽油
3791	Pd	γ-Al₂O₃	0.65	球或片	裂解汽油
3822	NiO-MoO₃	γ-Al₂O₃	0.76	异形条	减压馏分油
3823	NiO-MoO₃	γ-Al₂O₃	0.74	条	二次加工煤油、柴油
481-2	NiO-MoO₃	γ-Al₂O₃	0.70	球 φ2～3mm	56～58 号粗石蜡
481-3	CaO-NiO-MoO₃	γ-Al₂O₃	0.86	球 φ1.25～2.5mm	直馏或二次加工汽油、煤油
FH-5	Ni-MoO₃-WO₃-助剂	γ-Al₂O₃	1.15	球 φ1.5～2.5mm	渣油、催化裂化柴油
RN-1	Ni-MoO₃-助剂	γ-Al₂O₃		异形条	二次加工煤油、柴油、减压蜡油

表13　合成低碳醇催化剂和工艺

项目	工艺	MAS		IFP		Sygmol		Octamix	
	催化剂	Zn-Cr-K		Cu-Co-M-K		MoS₂-M-K		Cu-Zn-Al-K	
	研究单位	意大利 Snam 公司	山西煤化所	法国 IFP 工艺	山西煤化所	美国 Dow 公司	北京大学物化所	德国 Lurgi 公司	清华大学
操作条件	空速/h⁻¹	3000～15000	4000	4000	4500	5000～7000	5000	2000～4000	4000
	温度/℃	350～420	400	290	290	290～310	240～350	270～300	290
	压力/MPa	12～16	14	6	8	10	6.2	7～10	5
	H₂/CO	0.5～3	2.3	2～2.5	2.6	1.1～1.2	1.4～2.0	1～1.2	1～1.3

项目		MAS		IFP		Sygmol		Octamix	
	工艺	MAS		IFP		Sygmol		Octamix	
	催化剂	Zn-Cr-K		Cu-Co-M-K		MoS_2-M-K		Cu-Zn-Al-K	
	研究单位	意大利Snam公司	山西煤化所	法国IFP工艺	山西煤化所	美国Dow公司	北京大学物化所	德国Lurgi公司	清华大学
液体产物组成（质量分数）/%	甲醇	70	75	41	49.4	40	38	59.7	
	乙醇	2		30	33.3	37	41	7.4	83.6
	丙醇	3		9	10.8	14	12	3.7	
	丁醇	13	异丁醇	6	4.1	5	4	8.2	16.4
	C_5^+醇	10	12~15	8	1.6	2	3.5	10.4	
实验结果	C_2^+醇/总醇/%	22~30		30~60		30~70		30~50	15~27
	粗醇含水/%	20		5~35		0.4		0.3	0.33
	CO成醇选择性/%	90	95	65~76	76	85	80		95
	CO转化率/%	17		21~24	27	20~25	10		
	产率/[mL/(mL·h)]	0.25~0.3	0.21~0.25	0.2	0.2				0.35~0.6
开发现状		已工业化，15000t/a	模试	中试，7000桶/a	模试	中试，1t/d	小试	模试	小试
催化剂考察时间/h		6000	1000	4个月	1010	6500			200

表14　工业用合成甲醇催化剂的化学组成

催化剂	CuO	ZnO	Al_2O_3	CrO_3	助剂	其他杂质
57-1	48	46	5			
C207	38~42	38~43	5~6			
C301	45~60	30~25	3~6			
C301-1	约50	约25	约10			
C302	≥50	≥25	≥4		≥1	
C302-1	50~55	28~30	3~4		2~4	
C302-2	≥50	≥28	约4		少量	
C303	36.3	37.1		20.3	石墨6.3	Fe≤0.05，Na≤0.12 S≤0.06，Cl≤0.01
NC501	≥42	ZnO	Al_2O_3		含Mn	
NC306	CuO	ZnO	Al_2O_3			
XNC98	CuO	ZnO	Al_2O_3			

附录3 催化材料常用相关信息

表15 某些催化材料的固体酸强度

催化材料	H_0	催化材料	H_0
高岭石原土	$-3.0 \sim 5.0$	H_3PO_4/SiO_2（1.0mmol/g）	$-3.0 \sim -1.5$
氢化高岭土	$-5.6 \sim 8.2$	H_3PO_4/SiO_2（1.0mmol/g）	$-8.5 \sim -5.6$
蒙脱土原土	$-3.0 \sim 1.5$	H_2PO_4/SiO_2（1.0mmol/g）	<-8.2
氢化蒙脱土	$-8.2 \sim -5.6$	$NiSO_4 \cdot xH_2O$，350℃灼烧	$-3.0 \sim 6.8$
$Co \cdot Ni \cdot Mo/\gamma\text{-}Al_2O_3$	<-5.6	$NiSO_4 \cdot xH_2O$，460℃灼烧	$1.5 \sim 6.8$
$SiO_2\text{-}Al_2O_3$	<-8.2	ZnS，500℃灼烧	$3.3 \sim 6.8$
Y型沸石	<8.2	ZnS，300℃灼烧	$4.0 \sim 6.8$
$Al_2O_3\text{-}B_2O_3$	<-8.2	ZnO，300℃灼烧	$3.3 \sim 6.8$
$SiO_2\text{-}MgO$	$-3.0 \sim 1.5$	TiO_2，400℃灼烧	$1.5 \sim 6.8$

表16 黏结剂的分类与举例

基体黏结剂	薄膜黏结剂	化学黏结剂	基体黏结剂	薄膜黏结剂	化学黏结剂
沥青	水	$Ca(OH)_2+CO_2$	干淀粉	树胶	HNO_3
水泥	水玻璃	$Ca(OH)_2$+糖蜜	树胶	皂土	铝溶胶
棕榈蜡	塑料树脂	$MgO+MgCl_2$	聚乙烯醇	糊精	硅溶胶
石蜡	动物胶	水玻璃$+CaCl_2$		糖蜜	
黏土	淀粉	水玻璃$+CO_2$		乙醇等有机溶剂	

表17 常见成型润滑剂

液体润滑剂	固体润滑剂	液体润滑剂	固体润滑剂
水	滑石粉	硅树脂	二硫化钼
润滑油	石墨	聚丙烯酰胺	干淀粉
甘油	硬脂酸		田菁粉
可溶性油和水	硬脂酸镁或其他硬脂酸盐		石蜡

表18　用于测定酸强度的指示剂

指示剂	碱性色	酸性色	pK_α	[H$_2$SO$_4$]/%	指示剂	碱性色	酸性色	pK_α	[H$_2$SO$_4$]/%
中性红	黄	红	6.8	8×10^{-8}	苯偶氮二萘胺	黄	紫	1.5	2×10^{-2}
甲基红	黄	红	4.8	—	结晶紫	蓝	黄	0.8	0.1
苯偶氮萘胺	黄	红	4.0	5×10^{-5}	对硝基二苯胺	橙	紫	0.43	—
二甲基黄	黄	红	3.3	3×10^{-4}	二肉桂丙酮	黄	红	−3.0	48
2-氨基-5-偶氮甲苯	黄	红	2.0	3×10^{-3}	蒽醌	无色	黄	−8.2	90

① 与 pK_α 相当的硫酸质量分数。

表19　某些测试酸强度的芳香醇指示剂

指示剂名称	pK_a	相当 H$_2$SO$_4$/%	指示剂名称	pK_a	相当 H$_2$SO$_4$/%
4,4′,4″-三甲氧基三苯甲醇	8.2	1.2	二苯甲醇	−13.3	77
4,4′,4″-三甲基三苯甲醇	−4.02	36	4,4′,4″-三硝基三苯甲醇	−16.27	88
三苯甲醇	−6.63	50	2,4,6-三甲基苯醇	−17.38	92.5
3,3′,3″-三氯三苯甲醇	−11.03	68			

表20　炼油与化工行业废液的分类

类别	序号	废水系统	主要来源	主要污染物
集中处理的废水	1	含油废水	程序过程与油品接触的冷凝水、介质水、生成水、油品洗涤水、油泵轴兑水、化验室排水	油、硫、酚、氰、COD、BOD
	2	化工程序技术	化工过程的介质水、洗涤水等	酚、醛、COD、BOD
	3	含油雨水	受油品污染的雨水	油
	4	循环水排污	循环冷却水	油、水质稳定剂
	5	油轮压舱水	油品运输船压舱水	油
	6	生活污水	生活设施排水	BOD
局部处理的废水	1	酸碱废水I	软化水处理排水	酸、碱
	2	酸碱废水II	程序酸洗、碱洗的水洗水	酸、碱、油、COD
	3	含铬废水	机修电镀排水	六价铬
	4	含硫废水	油品、油气冷凝分离水、洗涤水	硫、油、COD
	5	含酚废水	催化裂化及苯酚、丙酮、间甲酚等生产装置废水	酚
	6	含氰废水	催化裂化、丙烯腈及化纤废水	氰
	7	含醛废水	氯丁橡胶、乙醇、丁辛醇生产废水	醛
	8	含苯废水	苯烃化、苯乙烯、丁二烯橡胶、芳烃生产废水	苯、甲苯、乙苯、异丙苯、苯乙烯
	9	含氟废水	烷基苯生产废水	氟
	10	含有机氯废水	环氧乙烷、环氧丙烷及环氧氯丙烷、氯乙烯生产废水	有机氯
	11	含油废水	油品油气冷凝水、洗涤水	油
	12	高 COD 废水	对苯二甲酸、甲酯废水	COD（上万毫克/升）
	13	冷焦、切焦水	焦化除焦废水	油、悬浮物

表 21 金属催化的某些反应

反应	具有催化活性的金属	高活性金属举例
H_2-D_2 反应	大多数过渡金属	W、Pt
烯烃加氢	大多数过渡金属及 Au	Ru、Rh、Pd、Pt、Ni
芳烃加氢	大多数Ⅷ族金属及 Ag、W	Pt、Rh、Ru、W、Ni
C—C 键氢解	大多数过渡金属	Os、Ru、Ni
C—N 键氢解	大多数过渡金属及 Cu	Ni、Pt、Pd
C—O 键氢解	大多数过渡金属及 Cu	Pt、Pd
羟基加氢	Pt、Pd、Fe、Ni、W、Au	Pt
CO+H_2	大多数Ⅷ族金属及 Ag、W	Fe、Co、Ru（F-T 合成）、Ni（甲烷化反应）
CO_2+H_2	Co、Fe、Ni、Ru	Ru、Ni
氧化氮加氢	大多数 Pt 族金属	Ru、Pd、Pt
腈类加氢	Co、Ni	Co、Ni
N_2+H_2（合成氨）	Fe、Ru、Os、Re、Pt、Rh（Mo、W、U）	Fe
H_2 的氧化	Pt 族金属、Au	Pt
乙烯氧化为环氧乙烷	Ag	Ag
其他烃类氧化	Pt 族金属及 Ag	Pd、Pt
醇、醛的氧化	Pt 族金属及 Ag、Au	Ag、Pt

附录4 催化相关常见分析检测参考信息

表22 几种常用表面分析技术的检测信息

失活的主要原因	测试内容	推荐技术	加速因素	因素变化	寿命实验的类型
化学中毒	表面元素、自由金属表面积	AES、XPS、选择性化学吸附	原料中毒物浓度	10～100倍	C (BA)
沉淀中毒	表面形态、自由金属表面积、面积、沉淀元素、孔率、晶相、燃烧（碳）	SEM、选择性化学吸附、电子探针、化学分析、氮毛细管冷凝、汞浸入法、XRD、热分析法、TPD	温度、原料中的烃浓度、原料中的水浓度	25%～50%、50%～100%、50%～100%	C
烧结	总表面积、金属表面积、表面形态、微晶大小	N2吸附法、选择性化学吸附、SEM、XRD、TEM	温度、原料中的反应、杂质浓度	25%～50%	BA (C) C (BA)
固态反应	晶相、金属氧化态	XPS、EPR、MES、光谱、UV-VIS光谱	温度	20%～100%	BA (C)
活性组分流失	失去的元素、蒸发动力学	化学分析法、TG	温度、原料组成	20%～100%、50%～100%	C, BA

表23 几种常用表面分析技术的检测信息

分析技术	检测信号	元素范围	信息深度	主要携带信息
SISM 二次离子质谱	二次离子	H-U	0.5～300nm	化学成分 化学结构
TOF-SIMS 飞行时间二次质谱	二次离子	所有元素	200nm	化学成分 化学结构
AFM/STM 原子力/扫描隧道显微镜	原子力 隧穿电流	固体表面	最上层原子	物理形貌
ISS 离子散射谱	离子	He-U	单层	原子结构
AES/SAM 俄歇电子能谱扫描俄歇微探针	俄歇电子	Li-U	0.5～10nm	化学组成 化学态
UPS 紫外光电子能谱	光电子	Li-U	0.5～10nm	价带结构
ESCA/XPSX 射线光电子谱	光电子	Li-U	0.5～10nm	化学组成 化学态

表24 实验室常用的粒度分析方法及其特点

方法	原理、等效粒径和分布	工具或仪器	测试范围/um
筛分法	物理筛分 筛分等效粒径 质量分布	标准筛	38～6000（Tyler标准筛） 6000～3×10^5 非标准筛

续表

方法	原理、等效粒径和分布	工具或仪器	测试范围/um
显微镜法	图形分析 几何学等效粒径 个数分布（代表性差）	光学显微镜 SEM TEM	$1\sim6000$（1600 倍） $0.01\sim$（$3\times10^5\sim5\times10^5$） $0.001\sim$（1×10^6 倍）
沉降法	Stokes 公式 流体动力学等效粒径 质量分布	Andreassen 移液管 沉降天平 光透过重力沉降仪 光透过离心力沉降仪 X 光透过离心力沉降仪	$10\sim300$ $1\sim300$ $10\sim300$ $1\sim300$ $0.1\sim300$
电阻法	库尔特原理 几何学等效粒径 个数和体积分布	库尔特粒度仪	$0.4\sim1200$
小角激光光散射法	Fraunhofer 衍射理论或 Mie 理论 光学散射等效粒径 界面剂分布（Fraunhofer） 体积分布（Mie）	激光粒度仪（Fraunhofer） 激光粒度仪（Mie）	$1\sim2000$ $0.02\sim3000$
动态光散射法	动态光散射理论 流体动力学等效粒径 体积分布	动态光散射纳米粒度仪	$0.0001\sim10$
电泳法	电泳光散射原理 流体动力学等效粒径 体积分布	Zeta 电位仪	$0.005\sim30$
BET 比表面积法	BET 公式 表面积等效粒径 无粒度分布数据	物理吸附仪	$0.03\sim1$
空气透过法	Kozeny-Carman 方程 表面积等效粒径 无粒度分布数据	费氏粒度仪（Fisher subsieve sizer） 勃氏透气仪（Blaine permeameter）	$0.2\sim75$
X 射线衍射线宽化法	Scherrer 公式 X 射线衍射等效粒径 很难得到粒度分布	X 射线衍射仪	$0.005\sim0.05$
化学吸附法	化学吸附的选择性 往往以分散度表示 无粒度分布数据	化学吸附仪 H_2、H_2-O_2、CO 等	$0.001\sim0.01$

表25　几种实验室反应器性能的比较

反应器	温度均一、明确程度	接触时间均一、明确程度	取样、分析难易	数字解析难易	制作与成本
内循环反应器	优良	优良	优良	优良	难，贵
外循环反应器	优良	优良	优良	优良	中等
转篮反应器	优良	良好	优良	良好	难，贵
微分管式反应器	良好	良好	不佳	良好	易，廉
绝热反应器	良好	中等	优良	不佳	中等
积分反应器	不佳	中等	优良	不佳	易，廉